지속 가능한 아파트를 향하여

우동주

1952년 10월 1일 경남 진주에서 태어남, 울산공대 건축학과를 졸업, 부산대 석사, 홍익대 박사,

서울(주)종합건축설계실무, (영)Oxford Brookes 대학원(PGRS) 객원연구원,

한국과학기술단체 총연합회 우수 논문상, 부산시 문화상,대한건축학회 학술상.

동의대학교 건축학과 명예교수 (전공 : 건축계획 및 설계),

부산 지속가능 발전연구소:BISD 소장(상지건축&엔지니어링 부속)

—

저서

『건축계획·설계』공저 (문운당) / 『주거』 공저(대구광역시 교육청)

『아파트 디자인을 다시 생각한다』(제이디자인)

인구감소의 시대

지속가능한 아파트를 향하여

펴낸 날 2019년 10월 31일

지은 이 우동주

펴낸 이 **비온후** www.beonwhobook.com

ISBN 978-89-90969-02-6 93540

책값 15,000원

· 2018년 부산광역시 문화상의 일부 지원으로 제작되었습니다.

인구감소의 시대

지속 가능한 아파트를 향하여

Towards sustainable
apartment design

우동주

비유책우후

머리말

머
리
말

역사적으로 볼 때 세계적으로 뛰어난 도시에는 반드시 그 도시를 성립시킨 원단위(urban unit)로서 나름의 도시형 주택이 존재하는 것을 볼 수 있다. 그들이 꿈꾸는 도시의 모습을 그들 스스로 만들어온 결과라고 생각된다.

우리가 꿈꾸는 도시는 어떤 모습일까?

도시에서 각자가 꿈꾸는 삶은 어떤 것일까?

최근까지 우리가 만들어 놓은 도시의 모습을 보면서 우리는 꿈을 잃어버린 것은 아닐까? 자문을 해본다.

최근 들어 인구감소와 고령화 사회를 맞이하여 미래에 대한 불확실성은 더욱 커지고 있다. 무엇을 어떻게 해야 할 것인가에 대한 얘기들은 분분하지만 급속한 근대화에 따른 후유증과 맞물려 그 대비책 마련이 만만찮아 보인다.

이러한 상황에서는 현상과 문제점의 근원에 관한 정확한 포착과 이에 대한 인식을 함께 공유하는 것이 무엇보다 중요하다.

급속히 근대화하는 과정에서 생성된 주거환경 문제의 근원은 무엇이며 차세대를 위해 나아가야 할 방향은 무엇일까?

아파트는 원래 우리 것이 아니다. 외부로부터 수입된 것으로, 아직은 우리의 도시구조와 생활문화에 맞도록 개선해 가는 과정상에 놓여 있다고 할 수 있다.

그동안 도시가로와 생활문화와의 관계 측면에서 많은 문제점이 지적되어 왔지만 그 원인을 근본적으로 짚어볼 시간적 여유 없이 너무 빠르게 양적으로만 팽창해 왔다고 할 수 있다.

문제의 근원에 관한 이해와 해결방안의 마련이 어려운 이유는 관련된 전문집단의 추구하는 바가 다양하고 복잡한 양상을 띠고 있기 때문이다.

따라서 관련된 전문집단과 수요자인 시민들까지 생각을 공유할 수 있는 공감대를 형성하는 것이 급선무라고 생각한다.

본 책에서는 아파트 문제점을 고층화, 획일화, 폐쇄성, 주거에 대한 요구와 의식, 노후 아파트 문제 등 여섯 가지로 나누어 생각해보았다. 그리고 처음 1장에서 이러한 여섯 가지 쟁점들을 포괄할 수 있는 관점으로서 지속가능성을 제안해 보았다.

또한 쟁점별로 우리보다 앞서간 서구와 일본 사회의 경험들을 살펴보면서 여러 가지 값진 교훈을 발견할 수 있었다.

아파트의 문제점에 관한 정확한 인식과 더불어 개선책을 위한 새로운 접근 방향과 해결의 실마리를 그들의 발자취에서 발견하는 일은 매우 흥미로운 과정이 아닐 수 없었다.

서구에서는 근대를 지나 탈근대(Post-Modernism)의 시기로 접어들던 1960년대에, 본격적인 근대(Modernism)에 들어서게 된 우리로서는 예상치 못한 문제들을 한꺼번에 겪고 있는 셈이다. 시기적으로는 탈근대를 해야 할 때가 지나고 있지만, 사회적으로는 그 기능을 다한 근대성의 망령을 벗어나지 못함에서 비롯된 점을 여러 군데서 확인하게 된다.

효율성과 경제성을 여전히 최우선시하며 환경문제와 삶의 질적 측면이 소홀히 다루어지는 점 등이 그러한 예라고 할 수 있다.

인구감소의 시대에는 소멸 세대가 증가함에 따라 도시 사회적 배경과 주요구의 의미가 전과는 달라질 수밖에 없다. 동시에 장수명 고령화 시대에 걸맞은 인프라구축에 대한 요구에 대응하기 위해서는 우리 사회도 개발시대의 관행을 벗어나 보존과 관리를 중시하는 스톡형 사회로의 전환이 이루어져야 한다.

본 책의 내용이 주거 문제에 대해서 주거 관련 분야의 전문가와 사용자인 시민들 모두가 바라는 도시와 주거환경을 함께 꿈꿀 수 있는 생각의 장이 될 수 있기를 기대해 본다.

2019년 시월의 첫날

우 동 주

지속가능한 아파트를 향하여

Towards sustainable
apartment housing design

1

지속가능한 아파트 의미와 특성
지속가능한 아파트 디자인 요소와 실행전략

우리나라 도시의 여름날 고온 현상과 미세먼지의 문제도 그동안 도심의 초고층 콘크리트 아파트 난립과 무관하지 않다. 바람길을 차단하거나 열섬효과를 일으키고 도심 숲 조성의 가능성을 어렵게 하고 있다. 도시가로와 단절된 폐쇄적 아파트 단지는 도시조직을 파괴하며 빈약한 저층부 계획은 공동체로서의 활성화를 저해하는 원인이 되고 있다. 이러한 현상이 주거환경을 지속가능할 수 없게 만들고 있다.

지속가능한 디자인이란 로마 시대의 건축가 비트루비우스(Vitruvius)가 말한 구조·기능·미에 환경·건강·안락 이라는 요소를 더하여 경제·사회·문화적인 측면을 포괄하는 개념이다.

오늘날의 기술 수준으로도 지속가능한 도시주거실현이 가능하다. 건축에 대한 환경적 대책은 첨단기술일 필요는 없다. 여건에 따라 세분화된 대책이 필요할 뿐이며 태도의 문제라고 할 수 있다.

지속가능한 아파트 의미와 특성

지속가능한 아파트의 사회적 의미

이대로는 지속가능할 수 없는 우리나라 아파트

중앙대로변 초고층 주거단지
(2018, 동구/부산)

도심가로변 초고층 주거단지
(2019, 가야로/부산)

1980년대 아파트 단지
(가야동/부산)

우리나라 아파트 문제의 쟁점으로는 획일적 고층화, 개별세대 평면과 주거동 그리고 단지 옥외공간의 단조로움, 주변 가로에 대해서 폐쇄적인 주거단지계획 등을 들 수 있다. 또한 노후 아파트의 재생문제, 공동주택 계획이론의 허약성문제, 사회적 변화에 따른 주요구와 주의식 변화에 대한 대응의 미흡함 등이 거론되고 있다. 이러한 쟁점들을 극복하지 않고서는 지속가능한 도시주거환경을 만들어 갈 수가 없다고 판단된다.

특히 프랑스 지리학전공 발레리 줄레조 교수는 '유럽에서 60년대 이미 실패한 아파트의 실험이 한국에서는 왜 성공적으로 지속되고 있을까'라는 의문점을 〈아파트 공화국' 2007〉에서 밝히고 있다.

그 이유를 나름대로 추적하고 있는 줄레조 교수는 '우리나라 고층의 아파트 단지 주거문화는 경제적 이윤 추구에 매몰된 나머지 도시형태와 사회조직을 명확히 겨냥하고 있지 못함으로 인하여 지속가능할 수 없다'는 것을 지적하고 있다.

또한 우리나라 공동주택의 수명이 짧은 원인으로 '경제적 이윤추구로 인한 도시조직과의 연계 부족, 생활 변화에 대응할 수 있는 가변성에 관한 배려의 부족, 무엇보다 장기적인 관점에서 도시 전반을 대상으로 한 종합적인 주거정책을 체계적으로 설정하지 못하고 양적 수급에 급급하였던 것'을 지적하고 있다.

줄레조 교수는 지적하기를 '한국 아파트는 유럽과 달리 중산층을 대상으로 한 아파트로 성공을 하였지만, 한국의 도시들을 지속가능할 수 없는 하루살이 도시로 만들고 있다'고 했다. 다만, 재건축의 기대 속에서 낡은 아파트로 버티고 있을 뿐이라는 것이다.

중장기적으로 볼 때, 프랑스나 미국 일부의 아파트 단지들처럼, 결국에는 우리나라의 공동주택들도 슬럼화될 것을 우려하는 관점이 있다. 한편으로는 유

럽이나 미국과 달리 우리나라는 인구밀도가 높
고, 아파트가 고급화된 중산층 주거지라는 점과
무엇보다 역세권 등 주거지로서 좋은 입지를 갖
춘 지역에 먼저 아파트가 들어섰다는 점에서 슬
럼화를 예견한다는 것은 맞지 않는다는 의견도
있다.

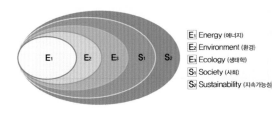

E₁ Energy (에너지)
E₂ Environment (환경)
E₃ Ecology (생태학)
S₁ Society (사회)
S₂ Sustainability (지속가능성)

지속가능성은 에너지, 환경,
생태학, 사회까지를 모두 포괄한
개념이라 할 수 있다.

그러나 아파트가 노후화되면서 해당 아파트의 매력이 감소하면 매물이 증가
할 것이고, 가격이 하락함에 따라 빈집이 증가하게 될 것이다.
동시에 새로운 입주자들은 낮은 경제력으로 인하여 관리비가 부담될 것이고,
이에 따라 아파트 가격은 더욱 하락하게 됨으로써 결국에는 슬럼화 현상을
피할 수 없게 된다는 우려의 목소리도 적지 않다.

지속가능한 아파트의 기본개념

최근에 환경과 에너지 문제가 심각한 수준까지 악화됨으로써 도시·주거 분
야에도 지속가능성의 가치가 점진적으로 공론화되어가고 있다.

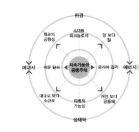

지속가능한 주거란 환경,에너지,
커뮤니티,윤리와 질적 삶등을
기반으로 한다.

지속가능한 도시주택 문제는 새로운 공동체의 창조와 더불어 도시재생의 문
제이기도 하다. 그동안 품질이 떨어지는 집들이 이미 많이 지어졌고, 너무 많
은 도시의 가로와 환경이 형편없는 수준으로 전락한 경우가 적지 않다.
지속가능성(Sustainability)이란 유지관리에 필요한 과도한 조건을 다음 세
대에 부담 지우지 않는 것을 목표로 하며, 경박한 설계나 시공 그리고 잘못된
건축기준으로 인하여 건축물에서 야기 될 수 있는 잠재적인 위험을 사전에
방지하는 데 목적이 있다. 또한 편의성 중심의 기능보다 통합적인 성능으로
서 장기적 가치를 지닌 안전하고 확실한 결과를 얻고자 하는 것이라고 할 수
있다.
지속가능한 건축의 개념은 그동안 건축에 있어 중요시되어왔던 기존의 구조,
기능, 미에 환경, 건강, 안락이라는 세 가지 요소를 추가한 개념■주1■으로 정
의할 수 있다. 최근에는 여기에 경제, 사회, 문화라는 요소를 포함하여 보다
확장된 개념으로 받아들여지고 있다. 경제적, 미적 개념과 더불어 환경적인

면과 인간의 건강과 복리 문제를 중요하게 다루고자 하는 총체적 접근이라 할 수 있다. 지속성을 갖는 디자인과 시공이 되기 위해서는 환경 보전과 건축재료, 자연재료, 에너지 등의 지속적인 순환적 재사용이 매우 중요하다.

지속가능성은 하나의 과정이며, 지속가능한 개발은 결과물이라 할 수 있다. 지속가능한 아파트 디자인은 부지, 에너지, 물 등 천연자원의 보존, 인공자원의 현명한 재사용, 생태계 유지 및 재생 잠재력, 사람들과 계층 간 그리고 세대 간의 균형감, 건강, 안전 및 보안의 제공 등 다섯 가지 원칙■주2■에 충실할 것을 강조하고 있다.

지속가능한 디자인 : 쟁점 ,목표 및 디자인 고려사항

쟁점Issues 사항	구조·기능·미 Structure·Function·Beauty	환경 Environment	건강 Health	경제 Economy	사회·문화 Social·Cultural
요소 Factors	(건축·도시) 형태와 공간	열환경, 빛환경, 공기, 환기, 소리, 진동, 전자파, 에너지, 쓰레기, 흙, 물	신체적, 정신적, 환경적, 기술사회적	공공성, 재생에너지, 에너지절약, 공동체, 가변성, 공공교통	도시사회와 문화의 변화 사람중심 가치 부각, 사회적 패러다임의 변화
목표 Objectives	• 구조적 안정성 • 건물성능, 경제성 측면 고려 • 형태·공간의 미적 구현 • 도시설계 측면과 통합적 접근 - 도시경관 - 가로의 맥락성 - 장소성 고려 - 관련 구조적 요소고려	• 자연 자원 이용 - 태양광 이용 자연채광 - 지중력 풍력 수력이용 • 환경부하가 적은 재료사용 -재생가능 에너지원사용 • 오염의 최소화 - 오염대지 개선 - 생활쓰레기,산업폐기물 • 대중교통과 보행 - 주차공간 제한 • 생물의 다양성 증진	• 신체적 건강 증진 -물리적 요소 고려 :온도, 습도, 공기, 소음, 진동, 무기분진 -화학적 요소 고려 : 담배연기, 포름알데히드 유기 오염물질 -생물학적 요소: 진드기, 세균, 곰팡이 • 정신적 건강 증 • 환경적 요소 고려 • 기술사회적 요소 고려 • 개인적요소	• 공공성 다양화 -실행가능성강화를 위한 다양성 -정당한대지와사업부지공급 • 효율적, 도덕적 경쟁 실행 - 에너지 소비 감소 장비 개발 - 공동체 우선사업 - 연속적 개발을 통한 도덕적 거래 - 자원소비 최소화를 위한 인프라 • 우수한운송시설 제공 - 우수한 공공 운송체계 제공	• 개발에서 재생으로 • 공공성중시·공동체활성화 • 공간에서 장소로,사람 중심 • 공간개발 복합화 • 고용기회의 촉진 • 역사와 전통의 계승 - 전통생활방식 존중 -지역문화 존중 • 우수한 접근성 제공 - 서비스, 작업, 레저, 주택 연관을 위한 복합 창조
디자인 고려 사항	• 구조적 안정성 고려 • 용도변화에 따른 가변성 • 도시설계적 연계성 고려,도시경관(원경, 중경, 근경), 가로 시설물, 대중교통 관계 • 장소성 구현, 가로 맥락성고려 • 건물의 성능, 경제성 측면고려 • 형태 공간의 미적 계획 : 상징성,공간감 고려	• 자연형 냉난방: 채광, 그늘 고려설계 • 자연형 환기 통풍 고려 - 공기오염 최소시공 - 환기, 습기와 건조 • 재생가능 재료 사용 • 내구성 있는 재료 사용 • 유지관리가 쉬운 건축 설비계획 • 상수,하수,중수 활용 • 에너지소비 최소화 디자인 • 자연공생디자인	• 인체에무해한재료의사용 • 물리적 요소 고려 • 화학적 요소 고려 • 생물학적 요소 고려 • 도시규모,접근성,이용의 집중도, 건물규모, 주택 배치, 공간과 밀도,정주성, 실내 공기의질, 실내기후 요건 등 환경적 요소고려 • 이종성·사회적 접촉, 주거 안전성, 설계와 시공성, 위생적여건등 기술사회적 요소 • 개인적 요소 고려	• 다양한 공공성 증진 고려 • 재생 가능한 에너지 개발성취 • 에너지절약형 개발 • 공동체 활성화 계획 • 융통성,가변성 건물 계획 • 공공교통연계성 계획 -교통수단의 효율적 연계계획	• 공공위한 서비스 시설 제공 • 공동체를 위한 공개공지제공 • 공동체위한우수한 건물개발 • 수요대응 주택 설계 • 공간기능의 복합화설계 -주택유형복합개발 -소유방식과 유형의 복합개발 • 전통생활문화 중시계획 -지역내통합개발 • 접근성, 대중교통 연계 • 장애인 배려

총체적 개념으로서의 지속가능한 아파트

지구환경 시대의 과제는 대량소비를 하는 풍요로운 삶과 발전이라는 생각에서 벗어나 에너지와 물질의 대량소비를 멈추어도 삶의 질 향상과 경제활동의 성립이 가능하도록 실현하는 것이라 할 수 있다.

오늘날 지구상에서 소비되는 자원의 50%가 건설에 사용되고 있음[주3]을 두고 생각해 볼 때, 건축가들 역시 지속가능한 사회를 조성하는 데 그 역할과 책임이 적지 않음을 알 수 있다. 따라서 지구환경과 에너지 문제를 도외시하고서 건축가들의 사회적 입지를 확보하는 것은 불가능하다고 할 수 있다.

특히 아파트는 정부의 광범위한 사회적인 쟁점 중 하나인데, 이는 시민들의 삶을 위한 건강, 교육, 범죄, 고용 그리고 여러 가지 문제들과 얽혀있다. 따라서 아파트는 사회적 소외를 방지하고 지속가능한 발전을 위한 우리의 목표를 성취하기 위한 열쇠라고 할 수 있다.

실질적으로 다른 어떤 것보다 주택은 기술, 사회, 정치 및 경제적 사안과 연계되어 있다.

따라서 아파트 디자인은 새로운 에너지와 생태학적 인식의 잠재력을 열어주

숲속화장실
(가야동 엄광산/부산)

강제환풍장치와 소변기내
탈취제가 가득한 숲속화장실
: 설계 잘못으로 기술적 장치를
덧붙인 친환경적이지못한
숲속화장실 모습
(가야동 엄광산/부산)

오래된 도시의 단위주거가 형성하는 가로 풍경 (프라하/체코)

재래식 소달구지위에 현대식
트럭 운전대 : 토착성과 현대성의
결합(인도)

는 계기가 될 것이며, 미래사회에는 이러한 측면에 관심을 가진 건축가들에게는 폭넓은 역할과 기회가 부여될 것으로 예상된다.

또한 지속가능한 발전을 성취하는 문제는 기술적인 측면만큼이나 문화적인 측면이 중요하다.

예를 들면 건축주나 소비자 모두가 에너지 절약을 위한 친환경 디자인을 최우선으로 선택하지는 않는다■주4■는 점이다.

따라서 지속가능한 도시주택의 실현은 기술상의 불확실성 문제가 아니라 개발자 혹은 소비자의 태도에 달린 문제라고 할 수 있다.

그럼에도 불구하고 오늘날 많은 국가들이 지속가능한 환경 친화적 이념을 주거환경에 접목하기 시작했다. 대부분의 오래된 도시(towns)에는 지속성 있는 도시주택에 대한 모델이 존재한다. 그것은 컴팩트(compact)하고, 적절한 고밀도의 형태적 환경조건을 유지하고 있으며, 거주, 일, 여가 그리고 쇼핑의 지역이 중복됨을 토대로 한 대지 사용의 복합화가 이루어져 있는 것이 특징이다.

또한 도시 디자인에 방향을 맞춘 대중교통수단과 잘 연계되어 있으며, 친밀한 보행자 전용도로, 주택단지와 주변의 자연적 요소와의 통합 등이 그 지역이 지속가능할 수 있는 여건으로 작용하고 있음을 볼 수 있다.

지속가능한 아파트의 특성

지속가능한 아파트와 커뮤니티

이웃 간 커뮤니티 활성화를 위한
공중보도가 있는 주거단지
(구마모토/일본)

지속가능한 아파트는 친환경적 환경 보존관리 차원 이상을 의미한다. 따라서 아파트 성공의 핵심 요소는 이웃관계에서 느끼는 만족도에 달려있다고 해도 과언이 아니다. 말하자면 지속가능한 아파트 디자인은 지속가능한 공동체를 만드는 것이라 할 수 있다.

영국의 론트리(Joseph Rowntree) 재단에 의해 이루어진 최근의 조사에 의하면, 일반적으로 열 사람 중에 세 명은 그들의 이웃관계에서 불행하거나 불만스러운 주거의 생활 상태를 이어가고 있다고 한다. 주된 이유는 범죄의 공포

(25%), 개에 의한 소란(16%), 레저 시설의 빈곤(15%), 사람들의 내부에 있는 폭력적 성격들의 표출(vandalism)(14%), 어수선한 물건과 쓰레기(13%) 등으로 나타나고 있다.■주5■

이웃관계를 위한것이었지만
실패한것으로 알려진 공중 데크
(런던/영국)

오히려 편안함의 부족과 높은 난방비용 또는 육체적인 질병과 같은 것은 제2의 관심사라는 것이다.

영국의 전원도시(Garden cities)의 개념도 사실은 독립적 자급자족을 목표로한 커뮤니티였다.

하워드는 건축뿐만 아니라 경제, 사회, 정치적 관점에서 전원도시의 개념을 설정하였다. 말하자면 도시에서 떨어진 지방에 독자적인 상공업을 갖춘 3만명 내지 5만 명 규모의 상주인구를 가진 독립적 인 사회적 공동체를 구상한 것이었다.

주거동 사이 운동시설
(싱가포르)

전원도시 레치워스(Letchworth)는 하워드의 자급자족 커뮤니티 실현을 위한 개발을 위해 처음 구입한 토지로, 현재에도 지역사회를 위한 기금을 기반으로 유지되고 있다. 이것은 지역의 개발을 통해 얻은 이익 모두를 전체 사회에 환원해야 한다는 원칙에 따르고 있다.■주6■

이러한 '공동체성'은 공동주택 계획 및 도시설계 등 주거 환경설계의 궁극적 목표를 하나의 개념으로 묶어주고 있다. 그러나 현재 우리나라 도시주택의 현실에서 공동체성의 추구는 아직은 집착하는 개념 정도의 수준에 머무르고 있는 단계라고 할 수 있다. 더구나 우리처럼 주거가 완전히 시장에 노출된 상황에서는 더욱 실현이 어렵다. 저출산 시대 고령화, 인구감소, 핵가족화 등 여러 현상이 겹친 상황에서 도심고층주거가 지속가능할 수 있는 실질적인 공동체적 실현은 쉽지 않은 과제이다.

실제로 국내에서 평수가 다른 주호공간을 함께 배치하는 등 커뮤니티 차원에서 혼합형 주택을 시도하고 있으나 소득 수준이 다른 거주자 간 갈등에서 비롯되는 문제는 현실적으로 만만치 않음을 보여주고 있다. 2003년 서울시가 '소셜믹스(Social Mix)'라는 제도를 시행하면서 임대와 일반 주택을 같은 단지에 배치하는 '혼합 주택단지'를 만들기도 하였으나 소득 수준이 다른 거주자 간 갈등이 문제가 되고 있다는 것이다.

소셜믹스 단지는 지난해 기준 서울에만 상암 · 마곡 · 발산 · 우면 · 장지동 등

지역적 특성과 조화를 이룬
집단주거지 (소주/중국)

Borneo & Sporenburg
수변주거계획
(암스테르담/네덜란드)

183개 단지(119,239가구)에 달한다.

이러한 문제를 포함한 아파트의 커뮤니티 개념을 어떻게 정의하고 실현해 나갈 것인지 커다란 과제가 아닐 수 없다.

무엇보다 전용공간의 거주성을 지키려는 개인 세대 공간위주의 주거의식을 탈피함으로써 '공동체성'에 관한 인식을 함께하는 것이 중요하다. 아파트 주거공간 전체를 삶의 장소로 인식할 수 있는 인식의 전환 또한 시급하다.

일본의 경우 사회적 지원시설이 부가된 공동주택으로서, 자녀 양육 지원형 도시주택, 병원과 복합화된 고령자주택, 고령자 전용 임대주택 등이 등장하고 있으며, 환경과 건강 배려 측면에서 코디네이터와 주민의 협동에 의한 코프라티브 하우스[주7] 등이 나타나고 있음에 주목할 필요가 있다.

1980년대 초반 영국에서 출현한 코프라티브 주택 운동은 지역적인 정치색이 강한 리버풀과 글래스고에서 가장 활발하게 이루어지고 있으며, 최근 코프라티브 하우스의 대부분은 셀프빌드(self-build)로 건설되고 있는 것이 특징이다. 셀프빌드는 주택 계획 프로세스의 관점에서 볼 때 주민참여의 궁극적인 형태라고 할 수 있으며, 셀프빌드 지원자 스스로는 그 주택을 가장 지속가능하다고 생각하고 있다[주8]고 한다.

특히 고령화 시대를 맞이하여 유사한 연령대의 고령자들을 위한 커뮤니티 설정은 그만큼 효과가 클 것으로 판단되며 고령자를 위한 조합주택, 즉 콜렉티브 하우스가 일본에서는 서서히 자리를 잡아가고 있음을 볼 수 있다.

예컨대 상호 협동에 의한 식당 이용과 삶의 경험을 활용한 지역커뮤니티와의 연계 등 안심감과 자립심을 부여할 수 있는 다양한 커뮤니티 시설계획이 가능할 것이다.

지속가능한 아파트와 지역적 맥락성

어느 나라이던 고도 성장기에는 대량공급을 위한 배치 계획과 주거동 계획의 표준화가 지상과제였다.

일본의 경우 지역의 기후와 풍토를 기본적으로 고려하긴 하였으나 지역성에 관한 본격적인 대응은 1980년대 이르러 지역에 뿌리내릴 수 있는 주거지 계획을 목표로 한 HOPE계획이 전국적으로 진행되면서 시작되었다.[주9]

구릉지 특성에 맞추어 저층 중층 고층을 배치한 타마 15주구 (일본)

지역성을 담은 디자인 가이드라인을 설정하여 진행하고자 하였으나 별로 성공적이지 못했다. 그만큼 지역성과 풍토 그리고 전통성을 중시한 공동주택 디자인을 만들어낸다는 것이 쉬운 일이 아니었다.

아파트가 위치한 나름의 장소가 지닌 지역 이미지는 무엇이며, 아파트 개발이 현재의 정체성을 보완할 수 있을 것인지, 혹은 이미지의 변화가 필요한지, 주거지로서의 특성 중 무엇이 그 지역과 주변 환경을 독특하게 만들어 줄 것인지, 접근을 위한 주된 교통은 어떻게 이루어져야 할 것인지, 주변 사람들과 주민들 활동의 중심은 어디인지 등의 질문에 대답하기 위해서는 주민들과 지역 사람들을 아파트 개발 과정에 참여시켜야 하며, 그렇게 함으로써 지역성이 강화된 주거환경 조성이 가능하다.

지역성을 바탕으로 한 아파트 조성을 위해서는 주민들이 계획단계와 완성 후의 발전에 실질적인 참여자가 될 수 있는가에 대한 사항까지도 미리 고려하

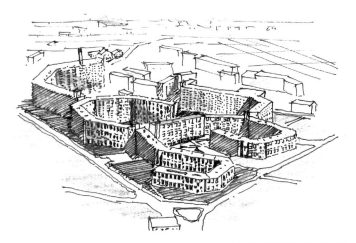

Park Hill주거단지 전경 (쉐필드/영국)

여야 한다. 따라서 지역적 맥락에 대한 전반적이고 철저한 조사와 평가는 독특한 아파트 주거 환경을 창출해내기 위한 시발점이라 할 수 있다.

아파트의 전반적인 요구를 바로 충족시키는 것이 항상 가능한 것은 아니다. 그러나 신중한 건물의 배치와 개발은 미래를 위한 맥락(context)을 설정해주고, 프로젝트가 진행됨에 따라 점차적인 개선이 이루어지는 기본적인 뼈대(framework)를 제공한다.

이를 위해서는 사적인 주거공간과 공적인 가로영역 사이에 긍정적인 유대를 확립해야 한다. 비록 처음에는 불편한 부분이 나타나더라도 세월이 흘러감에 따라 바람직한 주거환경으로 개선되어갈 것이다.

지역적 맥락을 바탕으로 주민들과 지역 사람들을 공동주택 개발 과정에 참여시킴으로써 지역성이 강화된 사례로는 영국의 파크힐(Park Hill) 주거단지가 있다. 이 단지는 커뮤니티 이론에 따라 이웃을 함께 모으고 연령과 가족 유형을 혼합하려는 취지에서 이루어졌다. 야외 공공 공지에서부터 학교, 보육원, 상점, 술집, 클럽 하우스를 제공하는 것은 초창기 집중적인 공동체 활동을 겨냥한 것이었는데, 이러한 조치는 후대에 와서도 긍정적인 평가를 받고 있다.

지속가능한 아파트의
디자인 원칙과 실행전략

지속가능한 아파트 디자인 조건과 원칙

지속가능한 아파트 디자인의 조건

앞서 언급했듯이 지속가능한 건축이란 기본적으로 그동안 건축의 본질로 여겨왔던 구조 · 기능 · 미라는 요소에 환경 · 건강 · 안락 세 가지 요소가 추가된 개념으로 볼 수 있다. 환경은 에너지, 물, 땅 등의 기타자원과 관련되어 있고, 건강은 신체적 건강과 정신적 건강이 포함되어 있으며, 안락함은 안정성과 사회적 · 경제적 생산성, 그리고 심미적 · 정신적 · 생태학적 아름다움을 의미한다.

키르히스타이그펠트
(Kirchsteigfeld) 자연형 배수구
친환경주거단지 (덴마크)

여기에 경제 · 사회 · 문화라는 요인이 포함된 개념적 확장을 보여주고 있다. 거주환경은 포괄적이며 수많은 환경적 요소들로 이루어져 있다. 특히 건강에 대한 부분은 개인적 요소에 크게 좌우되지만, 주거환경과 건강 사이에 상호 관련성이 있음이 밝혀지면서 주거환경적 요소가 개인적 건강과 복지에 불리한 영향을 끼칠 수 있음에 관심을 갖게 되었다.

키르히스타이그펠트
(Kirchsteigfeld) 친환경주거단지
(덴마크)

주거공간 내에서의 사고 예방, 건물 내부의 소음관리, 주거지에서의 주변환경적 건강 측면, 실내 공기 청정도에 의한 건강 측면, 특히 노년기 건강에 대한 실내 기후의 영향이 중요하다.

주민의 건강문제는 건축물에 사용된 재료 등 주거의 건축적 특성과 연관이 있을 수 있으며, 신체적 건강과 정신적 건강으로 구분할 수 있다. 아파트에서의 신체적 건강은 건강저해건물증후군(SBS: Sick Building Syndrome)에 관련된 재료의 무독성 마감 등 건강상 유리한 설계기법이 주로 검토된다. 성신석 신상은 계절, 바람, 날씨, 공기, 소음, 조명 등 환경적인 것과 범죄,

키르히스타이그펠트(Kirchsteigfeld) 친환경주거단지 (덴마크)

스트레스 등 사회적인 것으로 나눌 수 있다. 주거 건축에 있어 지속가능성은 에너지와 재료에 대한 단순한 보존 관리 차원뿐만 아니라 한 건축물의 계획된 수명을 넘어 거주자의 안락과 건강을 유지할 수 있도록 다음과 같은 조건을 제공할 수 있어야 한다.

첫째, 컴팩트(compact)하고 고밀도이어야 하지만 고층이 아닌 형태의 환경 조건을 갖추어야 한다. 둘째, 거주, 일, 여가, 쇼핑 지역이 중복되는 등 복합적인 대지 사용이 이루어져야 한다. 셋째, 공동주택 디자인의 기본방향이 대중교통수단과 결합하여야 한다. 넷째, 잘 구획된 공용공간이 조성되어야 한다. 다섯째, 주택단지와 주변 자연과의 통합을 이루면서 도보와 자전거 사용이 원활한 주거단지로 조성되어야 한다. 이는 지속가능한 아파트 조성을 위한 기본적인 디자인 조건이라 할 수 있다.■주10■

지속가능한 아파트 디자인의 원칙(principles)

세부사항에 관해서는 의견차이가 있지만, 대부분의 건축가와 개발업자들은 다음과 같은 지속가능한 아파트를 위한 디자인 원칙■주11■을 인정한다.

첫째, 고밀도이며 혼합 사용과 다양한 재원, 둘째, 대중교통수단에 중점을 둔 토지이용과 교통계획의 통합, 셋째, 정주지와 안전을 실현할 수 있는 도시공간 배치, 재생가능 에너지(바람, 태양 등) 공급을 위한 개발, 넷째, 특정 물 사용을 위한 강우량 포착, 다섯째, 사회적 상호작용과 생태적 복지수단을 위한 열린공간(거리, 공원, 광장)의 사용, 여섯째, 오염 및 폐기물 전략, 일곱째, 아파트와 통합된 자연서식지의 배려 등을 지속가능한 아파트 디자인의 원칙이라 할 수 있다. 그리고 개별 건물 수준에서의 지속가능한 아파트에는 다음과 같은 기능이 추가적으로 요구된다.

첫째, 건강하고 편안하며 안전한 주거, 둘째, 집주인이 공간을 확장하거나 적절히 조정할 수 있는 주거, 셋째, 업그레이드 할 수 있도록 디자인된 주거, 넷째, 재생가능 에너지원을 이용하는 저에너지 디자인, 다섯째, 뛰어난 단열 주거, 여섯째, 물 소비가 낮은 주거 등이다. 그밖에 계단이 없는 수월한 접근성, 보안 강화를 위한 스마트기술 사용, 영적 디자인(자연형, 풍수), 재택근무의 가능성■주12■ 등을 들 수 있다.

지속가능한 아파트 디자인 실행전략과 기반

지속가능한 아파트 디자인 실행전략

에너지 사용 등 여러 가지 측면에 관한 집중 연구에도 불구하고, 지구온난화로 인해 지속가능한 공동주택은 더욱 광범위하고 복잡한 분야가 되어가고 있다. 환경문제를 논의한 리우회의(1992) 이후 교토 지구 온난화(1997) 등은 도시 아파트에 획기적인 영향을 미치는 세계적인 협약이라고 할 수 있다. 지속가능한 공동주택 지원을 위한 행동을 구체화하기 위해서는 사회적 이슈와 환경문제를 구분해서 접근할 필요가 있다.

예를 들어 사회적 지속가능성을 위해서는 지역사회가 고용창출 문제와 건강하고 안전한 환경 조성과 대중교통 등의 이동성 측면에서 도시주택 문제로 접근해야 한다. 이러한 사항에 관해서 우선순위를 따져보면 기존의 도시 아파트가 얼마나 지속불가능한 지 쉽게 알 수 있다. 지속가능한 도시주거를 구현하기 위해서는 두 가지 전략■주13■이 필요하다. 우선, 새로운 요구가 매력적인 방식으로 충족될 수 있음을 보여줄 수 있는 설득 및 시범 프로젝트가 필요하다.

영국은 실제로 지속가능한 지역사회 구현 측면에서 네덜란드, 독일, 덴마크에 뒤떨어져 있다. 이는 시범사례를 통한 교육은 변화의 열쇠라고 할 수 있다. 다음으로는 보다 엄격한 통제보다 계획수립을 통한 주택시장 규제 강화가 필요하다. 주민의 삶과 도시 활동이 밀접하게 겹치는 공동체를 가능하게 하는 것은 결국 디자인의 힘이다. 새로운 지속가능한 공동체는 개발자 혹은 개발조직의 주도가 아닌, 디자인이 주도하여야 할 것이다. 이때 경제성을 지니면서도 건강하고, 사회적 요구에 대응할 수 있는 공간을 창출할 수 있다.

지속가능한 공동주택디자인을 위한 전략적 기반

중소규모이면서 고층이 아닌 고밀도 형식, 생활 업무 여가 쇼핑이 겹치는 구역을 기반으로 한 복합적 토지이용, 대중교통을 지향하는 도시 디자인, 우호적이고 친화적인 가로, 잘 구획된 공공 공간, 부지 내의 자연적 요소와 주거가 일체화된 통합적 개발, 보행 혹은 자전거 도로에 의해 결정된 개발

패턴 등은 지속가능한 아파트 디자인을 위한 실행전략의 중요한 기반이 될 수 있다.

미국의 뉴어버니즘(new urbanism) 운동은 근본적으로 전통적인 도시의 재발견이지만, 한편으로는 지속가능한 디자인과 도시생활을 위해 문명화된 가치들의 결합이라고 할 수 있다. 예컨대 뉴어버니즘 운동은 대중교통이 지역의 위치·규모·조직·밀도를 결정해야 한다는 원칙을 핵심으로 하고 있으며, 이는 공간적·사회적·미학적 질서를 위한 토대가 되고 있음을 볼 수 있다. 대중교통의 제공은 지속가능한 계획의 주요사항으로, 자가용 시대이지만 그 활용을 제한할 필요가 있다. 아파트 단지는 접근하기 쉬워야 하며, 동시에 주변 환경과 실질적으로나 시각적으로 통합되어 있어야 한다. 이를 위해서는 단지 주변으로 접근하기 위한 교통수단으로서 자가용뿐만 아니라 도보, 자전거, 대중교통 등을 어떻게 이용할 것인가를 충분히 고려하여 상호 연계성을 확보하여야 한다.

함마르뷔 셰스타드(Hammarby Sjostad) (스톡홀름)

이동 체계상 가장 중요한 것은 가로에서의 생활과 활력을 위하여 가능한 자동차 사용을 감소시키고, 보행의 권리를 최우선순위에 놓는 것이다. 서구사회에서 가장 널리 이용되는 척도는 복합개발 공동체(mixed development neighborhood) 규모가 400m 반경에 약 보도로 5분 정도 되는 거리의 규모인데 면적은 약 50헥타르 정도이다.■주14■

지역의 편의 시설은 지역의 거주민들을 하나로 묶어줌으로써, 지역사회의 결속을 강화하며, 자동차의 사용을 감소시킨다. 따라서 이동 체계를 설정할 때 가장 중요한 요소는 거주지로부터 편의 시설까지의 거리를 보도로 우선하여 설정하는 것이다.

도시주택이 지속가능하지 못함에도 불구하고 자연과 조화를 이루면서 균형을 이루는 사회는 없다.

좋은 주거환경을 디자인함으로써 공동체의 구조를 유지하는 것은 건축물 자체를 디자인하는 것만큼이나 중요하다. 예컨대 건축가는 건물만으로는 지속가능한 이웃을 만들 수 없다는 사실을 깨달아야 한다. 더구나 고용창출의 기회와 사회적 혼합 등의 문제는 건축가의 영역을 벗어난 것이지만 기술적인 문제 못지않게 중요한 사안이다.

따라서 지속가능한 도시주택을 만들기 위해서는 건축가, 건설회사, 지자체, 거주민 등 공동주택에 관련된 여러 분야 사람들이 이루는 팀의 노력과 파트너십 정신이 지속가능한 사회적 공동체의 미래를 결정하게 되는 튼튼한 기반이 된다.

아파트 고층화

Problems of high-rise housing **2**

고층화의 과정과 배경

고층화 문제와 개선 방향

최근 중심가로변에 초고층 아파트 단지가 들어서고 있다. 기존 도시가로에서 느끼던 스케일과는 맞지 않는 거대한 규모의 장벽이 부담스럽게 다가온다.

더구나 초고층 아파트의 저층부는 기존 가로의 맥락을 무시한 채 도심의 고층 건물이 응당히 감당해야 할 최소한의 공공성에 관한 배려를 도외시하고 있다.

지속가능성 측면에서 볼 때 고층 아파트는 거대한 에너지 소비체이기도 하다.

도시 건축물 중에서도 그 규모와 용도 면에 있어서 두드러진 요소이다.

초고층 건물은 공공성 측면에서 매력적인 수직 도시로 디자인 되어야 한다.

용적률을 확보함에 있어 서구와 같은 나라는 층수를 낮추어 중고층 고밀화를 택한 반면, 우리는 고층 고밀화를 택했다. 서구의 경우 인간적 스케일을 유지하면서 주거환경의 질에 우선순위를 두었음을 알 수 있다.

지속가능한 주거환경 실현을 위해서는 초고층 고밀의 대안으로서 중고층 고밀화를 고려할 필요가 있다.

고층화의 과정과 배경

우리나라 아파트 고층화

고층화의 시작

우리나라에 10층 이상의 고층 아파트가 지어지기 시작한 것은 1971년 서울시에서 공급한 여의도 시범아파트 단지부터였다. 규모는 12~13층 규모로 1584세대가 지어졌다.■주15■

이후 아파트 계획은 점차 효율과 경제성 우선의 계획으로 고착화되었다고 할 수 있다. 주택공사(이하 주공)는 정부의 무리한 건설확충정책 수행의 한축을 담당하게 됨으로써 발주증대와 사업 원가절감이라는 목표에 매진하게 되었다. 따라서 시공 효율화를 위한 벽식구조 채택, 용적률 제고 등의 퇴행적 양상을 띠게 되었다. 동시에 도시경관을 저해하거나 기반시설이용 증대에 따른 환경오염 등의 문제가 대두되었다. 또한 개발이익 극대화를 위해 소형보다는 중·대형 규모 주택 위주의 개발로 나아갔다. 1974년 주공에 의한 반포단지가 인기를 끌면서 강남개발의 효시가 된 셈이다. 평면규모는 22평에서 64평형까지■주16■로 그동안의 시민아파트와는 달리 중산층을 겨냥한 것이었다.

아파트 단지(상계동/서울)

1970년대 중반부터는 15층 규모의 고층 아파트가 조성되기 시작하였다. 처음에는 고층에 대한 거부감이 있었으나 갈수록 최하층보다는 최상층을 선호하는 추세로 변하기 시작하였다.

아파트 단지 원경
(당감동/부산)

1980년대에는 사회적 문제가 되기 시작한 주택가격 폭등으로 인하여 신도시개발과 재건축, 재개발 정책을 펴게 되면서 정부는 택지건설 촉진법(1980)을 제정하게 되었다.

이어서 민간사업개발자가 조합원으로 참여할 수 있도록 한 합동재개발사업방식(1983)과 민관합동개발방식(1987)이 도입되면서 주거단지 개발 주체가 다원화되었고 사회적으로 고층 개발은 더욱 박차를 가하게 되었다.

초고층 아파트 군
(해운대/부산)

1980년대 중반부터는 안산, 목동, 신대방동 등에 20층 규모의 초고층 아파트가 건립되기 시작하여 상계동에 25층 규모의 주공아파트가 지어졌다. 이곳 초고층 아파트의 중간층에는 공용 층을 두고, 입면의 거대화를 방지하기 위하여 2개 층을 하나의 유닛으로 보이도록 입면을 처리하는 등 고층화에 대한 거부감을 완화 시키고자 노력하였다. ■주17■

또한 이 시기는 주거단지의 고밀화와 초고층화가 급속히 심화된 시기로, 분양가격 인상과 더불어 인동거리 규제 완화로 15층에서 30층으로 높이 규제도 완화되었다.

초고층 아파트 화재장면
(2011, 해운대/부산)

그러나 아파트를 고층화할 경우, 수직 교통수단인 엘리베이터의 의존이 커짐에 따라 외부출입의 불편을 느끼는 등 심리적 부담감으로 인하여 폐쇄적 생활을 할 가능성이 커진다. 또한 녹지공간과 더욱 멀어진 고층부의 거주자들은 지면과의 신체적·심리적 단절감이 생겨 어린이, 노약자, 신체장애인에게 부적합한 주거환경이 될 수 있다. 주거동의 외부 공간 측면에서 보면 인근에 일조피해 및 시각적 위압감을 주며, 관리의 손길이 미치지 않는 사각지대의 증가로 범죄의 불안이 높아지며, 각종 사고 및 화재 등의 재난 발생 시 현실적으로 피난과 구조가 어렵다는 점■주18■ 등이 문제점으로 지적되고 있다.

아파트 고층화의 상황적 특성

1990년대 중반 이후 우리나라의 주택시장은 다시 침체기를 맞게 되면서 국가적으로 닥친 경제 위기로 인해 부동산 시장이 거의 붕괴되다시피 했다.

건설업체들은 이 난관을 극복하기 위해 경쟁적으로 아파트의 상품 가치를 높이려는 시도를 했다. 이때가 주택 시장이 공급자 주도에서 수요자 주도로 전환되는 시점이었다고 할 수 있다.

용적률을 높이기 위해 좁혔던 단위평면의 전면 폭을 확대하고, 발코니를 확장하였으며, 한옥 분위기를 도입하는 등 단위세대 공간에 변화를 주었다.

또한 외부공간에 있어서는 안전을 위한 보차분리, 데크를 이용한 보행 공간의 확보, 생태공원과 운동시설 설치 등과 같은 옥외공간의

재개발에 의한 도시경관의 변화 (연제구/부산)

산지 특성을 무시 하고 평지형 단지를 개발한 사례
(다대포/부산)

차별화 경향이 나타나기도 했다.

그런데 단위 세대 평면의 전면 폭이 확대되자 줄어든 밀도를 보상받기 위해 건축물은 더 높이 올라갈 수밖에 없었다. 또한 입면적에 대한 규제로 인하여 탑상형과 판상형, 두 가지 유형이 주류를 이루게 되면서 더욱 높이 올라가기 시작했다.

한편, 1998년 분양가가 자율화되면서 민간 아파트의 고급화 현상과 함께 소위 브랜드 아파트의 시대로 접어들게 되었다. 문제는 초고층의 주된 목적이 주거환경의 개선보다는 옥외 공간과 개발밀도의 증대를 최우선시하는 바람에 전반적인 주거환경의 질적 악화를 초래해왔다는 점이다.

지나친 고층화는 본래 주거환경 수직화의 장점을 잃어버리게 되고, 옥외공간의 질 확보가 어려워짐을 깨닫게 되었으나, 초고층화로의 관성은 멈출 수가 없었다.

정책적으로도 국토 이용의 극대화와 토지의 효율적 이용을 위해 초고층 아파트의 건설을 장려하고 있기 때문에 초고층 아파트의 건설은 당분간 가속화될 전망이다.

앞으로도 토지가격과 토지개발 비용의 증가가 계속되면 주택사업자들은 투자수익을 보장받으려 주거단지의 고밀화를 위해 초고층 아파트를 건설하고자 할 것이다.

이러한 고층화 현상 자체는 일종의 추세로 받아들일 수밖에 없는 분위기라고 할 수 있다. 그러나 평지, 경사지, 수변 지역 등 입지적 특성과 장소성을 무시한 채 획일적인 고층화가 진행되고 있는 것이 문제다.

획일적 고층화는 용적률 확보 측면에서 고밀도를 확보할 방안이 고층화 이외는 없다고 생각하는 공급자의 고정관념이 원인으로 크게 작용하고 있다. 여기에 수요자인 주민 입장에서 볼 때는 조망권과 프라이버시 확보에 유리하고 상대적으로 다른 유형에 비해 고급형 아파트라는 인식을 갖고 있는 점이 고층화를 더욱 부추기는 원인이 되고 있다.

서구 아파트 고층화

르 꼬르 뷔제 파리의 초고층 근린 계획안, 1925

'고층이냐? 저층이냐?'라는 문제는 이미 고대 도시들에 있어서도 존재하고 있던 쟁점이다. 로마 상류계층의 아트리움 하우스(the atrium house), 중국의 안뜰 집(the courtyard house of the Chinese)과 같은 밀집형 저층 주거형식과 로마시대 오스티아 항(Ostia)의 주거와 로마 무산 계급층 지구의 고층형 주거형식이 그것이다.■주19■

그러나 본격적인 고층형 주거형식의 출발은 르 꼬르 뷔제에 의해 시작되었다고 해도 과언이 아니다.

르 꼬르 뷔제에 의해 제안된 파리의 근린 계획안(Plan Voisin de Paris France [project] 1925)은 격자모양의 가로, 고층 건물 사이에 펼쳐진 녹지, 고속도로와 보도 등을 구분지어 계획하였다. 결과적으로 거주·휴식·교통·노동이라는 도시의 주요 기능이 서로 분리되어있다■주20■는 점이 특징이다. 이것은 인구 300만 명을 위한 현대도시의 개념으로서 파리의 역사적 거리를 200m 높이인 초고층 건축으로 치환하고자 한 계획이었다.

1960년대에 이르러서는 서구사회에서도 고층개발이 주된 흐름으로 받아들여졌고, 여기에는 르 꼬르 뷔제에 의해 제안된 마르세유 유니테 다비타시옹(United d'Habitation)의 영향이 크다.

이 아이디어는 점차 발전하여 많은 건축가가 개인적 삶과 도시 차원의 주거지를 어떻게 연관 지을 것 인가를 집중적으로 연구하게 만들었다. 르 꼬르 뷔제가 처음으로 이 문제를 제안한 것은 제2차 세계대전 전인 1922년 임메블르-빌라(Immeubles Villas) 프로젝트에서 였으며, 전쟁 후의 재건축과 피난민 주거를 위한 이론적인 해결안을 모색한 결과였다.■주21■

1944년 르 꼬르 뷔제는 중복도 중층형식의 임시방편적인 저렴주거 프로그램을 제안한 적이 있었는데 이것이 그 후 고층 블록으로 발전한 것이 유니테라고 할 수 있다.

전쟁 후 항만 지역인 마르세유 사람들을 위해 지어진 유니테는 한편으로는 전쟁 전 제안한 대규모 개발인 빛나는 도시(Ville Radieuse, 1930) 계획안의

파리근린계획안,
르 꼬르뷔제 1925

—

르 꼬르 뷔제의 '빛나는 도시계획(1930)'과 '근대건축 5원칙은 아파트 주거동의 분산, 유독가스에 대한 정화를 위한 필로티 도입, 지붕 위의 방호벽, 강한 콘크리트구조 등 전쟁 중 공습의 위험에 대비한 안전과 관련된 것이라는 주장도 있다.

고층고밀단지
(해운대 신시가지/부산)

—

르 꼬르 뷔제의 꿈이 우리나라에 실현된 듯.

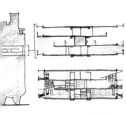

유니테 단면도
(1952, 마르세이유/프랑스)

유니테 출입문
(1952, 마르세이유/프랑스)

유니테 옥상
(1952, 마르세이유/프랑스)

유니테 아파트 실내 카페 (1952, 마르세이유)

정당성을 입증하고자 한 것이었다.

이곳에는 독신자용에서부터 대가족을 위한 단위 세대까지 23개 타입의 337 세대가 계획되었다. 7,8층의 내부 복도에는 상가, 카페테리아, 우체국 등을 배치하였다. 18층에 위치한 지붕 테라스에는 수영장, 놀이터, 바(bar) 그리고 러닝 트랙 공간을 설계함으로써 수직화된 고층주거의 논리를 제안한 것이었다.

저층에서 고층으로, 다시 저층으로

1952년에 완성된 마르세유의 유니테 아파트는 모더니즘의 상징으로서 후대 많은 건축가에게 영향을 미쳤다. 그것은 "주택의 위기를 구할 수 있는 구세주로서의 모더니티가 미래의 대안"임을 표방하는 것이었다. 르 꼬르 뷔제의 주택 개념은 선박이나 비행기처럼 대량 생산이 가능하고 공동주택과 녹색의 공원이 일체화된 청결하고 건강한 주거로서 동시대의 건축 비평가에 의해 폭넓은 지지를 받았다.

심지어 1953년 건축지평 잡지에서 J.M 리처드 고든 카렌은 전후 저층의 뉴타운 계획을 '대평원 계획 (prairie planning)'이라 혹평하였다. 교외 스프롤 현상을 부정하면서 더 도시적이고 고밀한 개발을 요구하였다. 그 이전까지는 정치가, 기획가, 건축가들이 교외로의 스프롤현상을 한결같이 환영하는 분위기였다고 한다.

원래 영국 정부에서는 교외의 '별장 모델'을 노동 계급을 위한 이상적인 집으로 채택하였다. 그러나 1930년 이후 모더니즘이 등장하면서 공동주택 설계에 변화가 일어났다. 그것은 빈민층뿐만 아니라 도시의 노동자들을 대상으로 한 다층 집단주택의 새로운 모델이 되었다.

당시 진보적 건축가들은 지방 당국과 함께 주택 프로그램을 통하여 보다 나은 미래를 위한 이상을 실현하는 데 적극적이었다. 좋은 예가 런던 시의회 LCC(London County Council)였으며, 1950년대 말에는 503명의 자격 있는 건축가를 포함하여 3,000명이 넘는 직원이 있었다. 이 시기에는 경험이 풍부했던 스칸디나비아 국가에서 다양한 기술을 수입해야 했다. ■주22■

고층 주동의 초기 프로젝트로는 런던에 있는 로우 햄튼(Roe hampton)의 알톤 이스트(Alton East)와 알톤 웨스트(Alton West, 1952~1955)가 있다.

당시 이 단지는 탁월한 사회 주택의 모범사례로 여겨졌으며 방갈로, 주택, 저층 및 고층 아파트와 메조네트(maisonettes) 형식 등 다양한 크기의 주택이 혼합된 '복합 개발'이었다.

특히 알톤 웨스트는 런던 시의회(LCC) 내의 별도 팀에 의해 설계되었으며, 르 꼬르 뷔제의 영향을 곳곳에서 발견할 수 있다.

건물 간의 인동간격을 넓히고 건물 높이가 높아지는 만큼 세대수를 증축할 수 있는 장점을 생각하면서 고층의 논리를 정당화하였던 것으로 볼 수 있다.

영국의 경우 1960년대에서 1970년대 초반까지는 30층 이상의 공동주택 생산을 장려했던 고층 아파트의 시대라고 할 수 있다. '고밀도' 주택 건설의 절정은 1958년에서 1968년으로서 글래스고의 레드로드에 건설된 31층 아파트가 가장 높은 건물 ■주24■ 이었다.

당시에는 인구지방 분산으로 인한 농경지 소모방지와 불량 주택지 재이주 계획의 실패, 그리고 도시 밀도 유지의 필요성을 근거로 고층 아파트가 바람직하다는 의견이 지배적이었다. 이것이 짧은 기간이긴 했지만, 개발도상국에 큰 영향을 주어 세련된 도시개발의 이미지가 되어 버렸다.

영국에는 2차 대전 후 도시를 복구하는 과정에서 1950년에서 1974년 사이 한 해 평균 60만 세대가 새롭게 지어졌다. 이러한 대규모 공동주택 건설은 '경제적 기적'의 한 부분으로서 긍정적인 면도 크지만, 오늘날 많은 문제점의

알톤웨스트 (1955, 런던/영국)

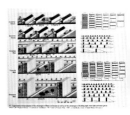

인동간격과 세대수관계
(1955, 영국)
—
왼편 부분은 카터(E.J.Carter)와 골드 핑거(E. Goldfinger)에 의해서 작성된 다이어그램(1945) 이며, 오른쪽 부분은 그로피우스(W.Gropius)에 의해 보다 단순화된 버전이다. ■주23■

판상형주거단지 (1960년대, 영국)

레드로드Red Road 글래스고우
(1966, 영국)

초고층과 중층 혼합된 AID 계획안
(해운대/부산)
—
해운대 달맞이길위에 들어선 AID 재
건축 단지는 그 높이로 인한 시각적
거부감으로 인하여 논란의 대상이 되
고 있다.
입지자체가 이미 높은 언덕에 위치하
고 있는 만큼 용적률을 보장해주되
높이를 제한하는 공모전으로 계획안
을 유도했더라면 지금과는 다른, 말
하자면 주변과 조화로운 경관을 연출
할 수 있었을 것으로 생각된다.

AID아파트 건립후
(해운대/부산)

로난포인트아파트 붕괴
(1968, 영국)

근원이 되고 있다.

이러한 대규모 고층개발 분위기는 70년대까지 계속되었으며 역사적인 지역
이나 온전한 도시조직을 파괴하는 경우가 빈번하여, 그 피해는 2차 대전 중에
일어났던 것보다 더욱더 심했던 것[주25]으로 평가되고 있다.

그러나 1960년대 말부터 고층주거 블록에 대한 인식과 사회 변화를 위한 수
단으로서의 기술에 대한 낙관적 사고는 서서히 변화의 국면을 맞게 되었다.
건축가와 기획자들 사이에 모더니즘 운동의 이데올로기에 관해 갑작스러운
회의론이 제기되었다. 이외에도 육아 관리를 하는 젊은층의 가정에 큰 영향
을 끼치는 기술적, 사회적, 재정적 문제와 관련하여 고층주택에 대한 불만들
이 늘어나기 시작하였다.[주26]

이러한 고층주거에 대한 반발은 고층건물에 드는 실제비용이 폭로되고 동일
한 건물을 세우는데 공사 기간이 공공기업과 민간기업 사이에 차이가 심한
점 등의 이유로 공식적인 방향 전환이 일어났다. 이러한 분위기는 1968년 로
난 포인트(Ronan Point, 23층) 아파트의 입주 중 붕괴사건으로 최고조에 달
했다.

붕괴의 직접적인 원인은 19층 입주민의 가스스토브 유출에 의한 가스폭발이
었으나 실질적인 원인은 부실 공사였다. 이 사건의 여파로 인하여 영국에서
는 고층 건물에 대한 대중의 신뢰가 상실되었고, 정부는 건축물 관련 규정을
개정하게 되었다.

그 이후 영국의 공공기관은 스위스와 프랑스에서 시작한 고밀도 저층개발로
정책을 바꾸었는데 그 표본은 1967년 몬트리올 모세 사프디(Moshe Safdie)
가 설계한 하비타트 67(Habitat 1967)이었다.

미국의 경우 2차 대전 이후 한동안 고층개발이 유지되다가 1960년대 제인 제
이콥스의 주장과 프루이트 이고(Pruiit-Igoe, 1956)주거단지 폭파 해체 등으
로 고층 아파트에 대한 비판적 분위기가 확산되었으며, 이는 곧 저층 고밀개
발로의 전환을 촉진하는 계기가 되었다.

고층화 문제와 개선 방향

고층을 고층답게

고층화의 매력

1990년대부터 분당을 비롯한 평촌, 일산 신도시에는 이미지 부각을 위해 쾌적하고 수준 높은 주택단지 모델을 제시하고자 하는 노력과 함께 30층 규모의 초고층 아파트들이 들어서기 시작하였다.

최근에는 도심재개발 지역뿐만 아니라 경관이 좋은 강변이나 녹지를 중심으로 초고층 아파트가 계속해서 세워지고 있어 이제는 초고층 아파트가 주거의 한 유형으로 자리 잡아 가고 있다. 더구나 상류사회의 닫힌 커뮤니티를 상징하던 고급 주상복합 아파트에 대한 동경은 더욱 강해졌고, 이러한 경향은 고층화를 더욱 부추기게 되면서 현재까지 이어지고 있음 ■주27■ 을 볼 수 있다.

아파트에 있어서 고층이 갖는 부가적 가치도 적지 않다. 예를 들면, 고층 탑상형(Residential Towers) 주동은 수직 주동으로 네 방향으로 향을 낼 수 있는 독립적 배치가 가능하며, 하나의 코어를 바깥쪽이나 안쪽에 두고 이를 중심으로 단위 세대를 다양하게 군집시킬 수 있다는 점이다. 또한 주거동 사이의 인동간격이 넓어져 주거동 간의 사생활 보호에 유리하고 훌륭한 조망을 가질 수 있다는 장점이 있다.

이렇게 주거동 사이에 확보된 넓은 공간은 공공 녹지공간의 조성 및 공공시설물의 설치에 용이하다. 지상에서 발생하는 각종 공해 및 소음 등으로부터 벗어날 수 있으며, 고층이 지닌 상징적인 스카이라인은 독특한 매력으로 인식되며 높은 인지도를 보일 수 있다.

그러나 아파트의 고층화는 충분한 오픈스페이스와 공공녹지 공간조성이 뒷받침되어야 한다. 또한 커뮤니티 단위로의 분절과 공용부분의 충실성과 고층으로서의 공공성을 충분히 확보하는 것을 전제로 하여야 한다.

커뮤니티 입체화로서의 초고층 아파트

우리나라에 있어서 초고층 주택은 다양한 주거 형태 중에서 선택할 수 있는

초고층 아파트 사례
(로테르담/네덜란드)

초고층 아파트 타마주거단지(일본)

친환경 개념 초고층 아파트 단지 계획안 (프) L.Solomon작
(2013, 용호동/부산)〈 부산 건축제 제공〉

유형의 하나로 자리를 잡아가고 있다. 조망 이외에도 매력을 가진 주택으로 받아들이는 분위기이다. 최근 부산의 경우에는 상업지역 중심도로변에 50여 층 규모의 초고층 공동주택단지가 들어서는 경우가 적지 않다. 초고층 주택은 고층이면서 고밀도라는 공간적 특성이 있겠지만, 초고층 특유의 매력적인 생활공간을 누구나 쉽게 받아들일 수 있는 것은 아니다.

그러한 관점에서 볼 때 설계자는 여러 가지를 고려한 전문성에 근거한 설계를 하여야 한다. 초고층의 장점을 고려하되 초고층으로서의 거주성능과 거주자의 정신적인 면에 대해서도 문제가 되는 부분에 대해서 구체적으로 대안을 제시해야 한다. 따라서 초고층 주택은 커뮤니티의 수직화 내지는 입체화의 개념에서 접근할 필요가 있다. 말하자면 주택을 위로 쌓아 올린 것이 아니라 주동 전체를 입체적인 도시로 인식하고 설계에 임해야 한다.

예컨대 층의 그루핑, 엘리베이터 뱅크 계획, 중간층 공용공간, 휴게시설 계획 등을 생각해 볼 수 있다. 우리나라에 지어지고 있는 초고층 아파트들은 개별 세대 공간 중심으로 계획이 이루어짐으로써 커뮤니티를 위한 공용시설을 다양화하는 데는 여전히 인색한 편이라고 할 수 있다. 고층을 고층답게 설계하고 활용하기 위해서는 보다 풍부한 커뮤니티 시설을 반공적 공간으로 할애

할 때 비로소 풍부한 초고층 도시주거환경 조성에 성공할 확률이 높아질 것이다. 초고층인 만큼 중간층에 스카이 포켓 파크와 스카이라운지 등을 설치함으로써 고층 거주자의 외출에 대한 거부감을 해소할 수 있다. 또한 공간이 고립되지 않도록 다른 공용시설과 연계성을 높일 수 있도록 동선을 개방하는 등의 배려가 필요하다.

초고층 고밀에서 중고층 고밀화로

대규모 고층개발에서 중소규모 중고층 고밀로

밀도의 확보는 선택의 문제로 볼 수 있는데, 우리는 밀도를 확보하는 방법으로 고층화를 택한 것이며, 반면에 유럽과 일본 같은 나라에서는 우리와는 반대로 고층화보다는 층수를 낮추어 중층 중밀의 인간 스케일을 유지하면서 주거환경의 질을 지키려는 공공성에 우선순위를 두고 있음을 볼 수 있다.

이것은 각 나라마다 추구하는 가치관에 따른 것으로 사회적 문화의 차이에서 비롯된 것이라 할 수 있다. 예컨대 우리와는 달리 그들은 선험적 경험에서 비롯한 도시주거환경의 질적인 측면 유지에 대한 국민적 합의가 더욱 확고하기 때문이 아닐까 한다.

혹자는 우리나라 아파트 고층화 현상은 높은 인구밀도를 원인으로 꼽고 있으나 서울보다 밀도 높은 파리와 코펜하겐, 그리고 부산보다도 밀도가 높은 스톡홀름의 경우도 우리처럼 고층화를 쉽게 추구하지 않는다는 점에서 볼 때 높은 인구밀도 역시 이유가 될 수 없다.

독일의 동독지역에서는 1990년 통일 뒤 지금까지 모두 20만 가구의 고층 아파트가 해체됐다고 한다. 지역의 위상을 떨어뜨리고 미관을 해치는 고층 아파트 철거는 앞으로도 계속될 것으로 보고 있다.

1960~70년대에 독일에서 고층 아파트는 도시의 급속한 성장과 맞물려 주택난을 효율적으로 해결하는 유일한 방법이었다. 당시 아파트 단지는 미래의 주거형식으로 각광받았으며 지금의 우리처럼 누구나 살고 싶어 하던 공간이었다.

부와 효율을 상징하던 고층주거는 이제 서구 여러 나라에서는 흉물로 인식되

아파트철거(독일)

고층 판상형 아파트
(올림픽선수촌/서울)

수변 초고층 아파트군
(해운대/부산)

면서 사회문제가 되고 있기 때문에 해체를 서두르고 있다.

독일의 건축 담당 관리는 고층 아파트를 철거하는 것이 지역 이미지를 바꾸는 중요한 상징적 출발이라고 강조하고 있다[주28]고 하니 우리네 상황에 비추어 볼 때 시사하는 바가 적지 않다.

결국 바람직한 주거환경이란 삶의 질을 우선하고자 하는 일련의 의도적 노력이 전제되어야 한다. 우리나라 도시의 경우는 주거환경개발이 도시발전과 공익보다 개발 주체의 사익을 과도하게 추구하여 결과적으로 환경 훼손과 더불어 도시 기능 및 경관을 악화 시켜 왔음을 부인할 수 없다. 토지이용의 경제성을 떨어뜨리고 추가 기반시설을 위한 과도한 공공비용을 초래하는 개발이 되었을 때, 장기적 측면에서 볼 때 이보다 더 큰 손실이 있을 수 없다.

그동안 우리는 경제성을 우선한 물량 중심의 대량공급을 해옴으로써 공급자 및 단지 주민의 최대이윤을 우선하는 개발이 관행화되어왔다. 그러나 이제는 대규모 고층개발뿐만 아니라 중소규모의 중층 고밀개발을 포함한 다양한 개발이 시도되어야 한다. 아직은 넓은 옥외공간의 활용 가능성과 조망권에 대한 선호의식으로 인하여 고층 타워형을 선호하는 경향이 지배적이기는 하나

중고층 고밀형 아파트(싱가포르)

점차 다양화, 복합화하는 경향을 보여주고 있다.

건설산업의 측면에서도 중고층화가 필요하다. 타 산업에 비해 생산성이 낮은 건설산업은 작업 낭비, 건설 폐기물, 낮은 고용의 질 등의 문제로 보다 지속가능한 산업으로의 변화가 시급한 상황이다. 이에 대해 최근 모듈화 건설산업이 디지털화와 자동화를 통한 대안으로 떠오르고 있다. 모듈화는 재활용률을 높여 '반환경 산업'을 지속가능한 '친환경 산업'으로 바꿔줄 수 있다는 점에 주목할 필요가 있다. 이러한 모듈러 주택을 아파트에 접목하려면 초고층이 아닌 중고층화로 가야 한다 것이다.

지속가능한 아파트 개발의 조건 중 하나가 컴팩트하고 고밀도이어야 하지만, 고층이 아닌 형태의 환경조건을 갖추어야 한다.

이런 측면에서도 지속가능한 아파트를 위해서는 중고층화의 의미를 확인할 수 있다.

중고층 고밀화의 가능성

과연 아파트의 용적률 확보는 고층 타워형이나 판상형 만이 가능할까?

아래의 표는 시뮬레이션 작업을 통하여 현 법규 기준 내에서 주동유형별 가능 층수, 용적률과 건폐율, 그리고 일조 조건을 비교해 본 것이다. 표에서와

유형별 용적률(건폐율) 및 일조검토:준주거지역

	ㅁ 자형	日 자형	田 자형	가로탑상형	가로혼합형	판상형 단지형	탑상형 단지형	탑상이형
주동유형								
가능층수 및 용적률 (건폐율)	13~16층 300.06% (18.54%)	10~15층 330.41% (27.82	4~10층 293.32% (32.03%)	4개동 13~16층 195.55% (13.49%)	5개동 13~28층 296.69% (20.23%)	3개동 10층 202.29% (20.23%)	5개동 13~28층 269.72% (16.86%)	5개동 15층 300.06% (16.86%)
일조 검토 결과	매우 불량: 23.5% 불량 7.1%	매우 불량 :21.8% 불량: 10%	매우 불량: 11.1% 불량: 7.1%	매우 불량: 6.6% 불량: 4.2%	매우 불량: 12.4% 불량: 20.2%	매우 불량: 12.9% 불량: 16.6%	매우 불량: 11.2% 불량: 5.6%	매우 불량: 6.7% 불량: 23.8%

〈 참조: 우동주, '공동주택의 가로 연계 및 주동유형 다양화 방향성 고찰' 대한건축학회논문집 2013〉

같이 판상형과 탑상형 못지않게 가구블록형은 용적률 확보가 가능함을 보여주고 있다. 특히 준주거지역은 상업지역에 비추어 대체로 지가가 낮다. 성격상 상업 기능과 주거 기능이 혼합된 주상복합으로의 개발이 적합할 것으로 판단된다.

가로형의 경우 건축 계획적 측면에서도 일조에 불리한 세대는 상업시설 등의 비주거시설을 배치하는 등 계획적 고려를 한다면 공공성 확보에 유리한 다양한 유형의 적용이 가능할 것으로 판단된다.

그러나 문제는 현 법규 조건 내에서 용적률이 충분하게 확보될 수 있다 하더라도 가로와 연계한 중층 고밀형으로의 개발을 기피하는 것이 현실이다. 주거설계 전문가들은 그 이유를 다음과 같이 밝힌다. 첫째, 현행법상 거주성을 확보하는 가장 좋은 방식은 고층 탑상이형 방식이라는 선입견이 크게 작용하고 있고, 둘째, 가로 연계형은 거주성 악화로 분양성이 저하될 것이라는 편견, 셋째, 전면 폭으로서의 베이를 최우선으로 하는 주호 계획의 경직성, 넷째, 이미 도시계획이나 지구단위계획 등의 필지 계획에서 다양한 주동유형으로의 설계가 불가능하도록 결정되는 경우가 일반적이라는 점을 아래 표를 통해 알 수 있다. ■주29■

밀도의 양적 확보방안으로서 손쉬운 것이 높이를 올리는 것이라고 할 수 있겠으나 위치에 따라서는 중층 고밀형 혹은 가로 중정형으로 높이를 낮추면서

주거 설계전문가들이 생각하는 가로형개발이 불가능한 이유

여부	가로형 불가능한 이유
용적률 확보가 가능 하더라도 가로형 개발이 불가능 하다	현행법상 거주성을 확보하는 방법은 고층 탑상이형임
	가로 연계형은 거주성 악화로 분양성 저하 우려됨
	일조, 프라이버시, 통풍에 문제가 있고 시원하게 뚫린 통경 선호하기 때문
	주동수를 최소화하여 공사비를 절감하려하기 때문
	법규 지침 상, 주동길이와 세대 조합숫자 제한 때문
	베이 중시하는 경향과 재산으로의 인식 때문
	가로형으로는 높은 용적률 확보와 대지확보 어려움
	이미 도시계획이나 지구단위계획에서 필지계획을 가로 형이 어렵게 결정되어 있기 때문

〈 참조: 우동주, '공동주택의 가로 연계 및 주동유형 다양화 방향성 고찰' 대한건축학회논문집 2013〉

설계전문가들이 생각하는 가로형 개발 전제조건

용적률 확보 가능하다면 가로형 개발이 가능하다	공공발주인 경우는 가능
	통경 축 확보와 동시에 거주성 확보 된다면 가능
	상업지역의 경우 용적률 확보가 어려워 보이나 준주거지역에서는 가능 할 것임
	평면 세장비만 조정될 수 있다면 가능
	기본적으로 건폐율 부분에 대한 시장 중심적 사고가 희석된다면 가능
	용적률 중심의 양적 개발방식 사고 자체를 바꿀 수 있다면 가능

〈 참조: 우동주, '공동주택의 가로 연계 및 주동유형 다양화 방향성 고찰' 대한건축학회논문집 2013〉

도 고밀도의 용적률을 확보할 수 있는 다양한 유형의 적용이 필요하고 또 가능하다.

예컨대 고층고밀화 외에도 중층고밀화의 가능성은 있다고 판단되며 다만 중층고밀화를 받아들일 수 있는 주의식의 변화와 이에 따른 건축계획적 연구가 뒷받침되어야 할 것으로 판단된다.

고층화 문제 해결을 위한 선결과제

고층화의 문제는 높이 자체의 문제라기보다는 고층고밀로 건립될 경우 도시 경관에 미치는 탑옥층과 외관의 디자인 문제 그리고 저층부의 접지층이 지니고 있는 섭근성과 도시맥락석 연계 문제 등 여러 가지 사항늘이 관련된 복합적인 문제라고 할 수 있다. 더구나 입지에 따라 초고층 아파트 계획에서 고려되어야 할 사항은 전혀 달라진다. 중심가로를 벗어난 초고층 아파트 단지의 경우는 단지 내에서 거주성을 고려한 초고층 주거환경 계획 문제로 접근해야 하겠지만 도심에 들어서는 초고층 아파트는 공공성을 고려한 커뮤니티의 수직화라는 개념에서 접근해야 한다.

초고층 주택건설은 앞으로도 증가할 것으로 보이며, 아직은 기술과 경제성을 우선하여 건설되겠지만 차츰 디자인을 중시하는 경향을 띄게 될 것이 예상된다. 랜드마크로서의 상징성을 더욱 중시하는 측면이 나타날 것이며 따라서 앞으로는 초고층 주택의 본질적인 존재 방식이 검토되어야 할 것이다. 공법과 기술의 발달과 함께 경험이 축적되면서 도심의 주택용지 부족으로 인한

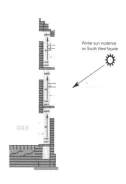

환경적 조정 개념의 벽체 단면도
(프) L.Solomon작
(2013, 용호동/부산)
〈 부산 건축제 제공〉

친환경 개념 초고층 아파트 단지 계획안 (프) L.Solomon작
(2013, 용호동/부산)〈 부산 건축제 제공〉

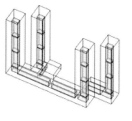

친환경 개념의 중정을 둔
초고층 아파트계획안(프)
L.Solomon작 (2013, 용호동/부산)
〈 부산 건축제 제공〉
—
지속가능성 차원에서 친환경개념의
아파트 계획안이 제안되는 경우가
있지만, 높은 용적률 확보가
최우선시 되고 있는 국내의 사회적
상황에서 는 받아들여지기가
쉽지 않다.

토지의 고밀도 이용이란 관점이 촉진제로 작용할 것으로 판단된다.

예컨대 초고층 주택을 일종의 마을로 인식하고 수직으로 겹쳐진 도시라는 개념으로 접근할 필요가 있다. 저층부에는 공용시설을 충분히 갖추어 24시간 호텔 수준의 관리를 해야 한다. 또한 중층부에는 로비와 어린이 놀이터 그리고 주민 요구에 따라 필요한 시설을 설치하고 전망이 뛰어난 고층부는 공용시설을 두는 등 통합적 커뮤니티를 형성할 수 있도록 처음부터 계획할 필요가 있다.

초고층 아파트는 거대한 규모의 건물 타입으로서 다양한 디자인 분야와 연계되어 있다. 따라서 디자인을 위한 수많은 정보는 매우 복합적이고 다양한 원리를 지닌 전문가들과 협력하지 않으면 안 된다. 개념적, 미적, 물리적, 경제적, 환경적, 사회문화적 측면 등 전혀 다른 유형의 것들이 디자인 요소로서 작용하게 된다.

지속가능한 고층주거로서의 성능을 갖추기 위해서는 소위 스마트디자인과 통합적 접근 등이 요구된다. 다양한 분야의 전문가들에 의한 상호 이해를 바탕으로 목표를 명확히 함으로써 보다 지속가능한 결과를 성취할 수 있을 것이다.

한편 초고층 고밀의 대안으로서 입지 특성을 고려하여 중고층 고밀화도 검토할 필요가 있다

수변에는 조망과 경관상 매력으로 인하여 고밀도의 초고층이 들어서게 되는 경우를 쉽게 볼 수 있다. 매력적인 디자인으로 수변의 경관을 돋보이게 하는 경우도 적지 않지만, 반드시 초고층이라야 수변의 경관을 아름답게 만드는 것은 아니다. 중고층 고밀로서도 초고층에 버금가는 용적률을 확보하면서 매력적인 수변공간을 조성한 사례들은 얼마든지 찾아볼 수 있다. 위치에 따라서 이러한 중고층에 의한 보다 지속가능한 단지 조성을 유도할 수 있는 디자인적 접근이 요구되며 이에 대한 제도적 지원이 필요하다.

아파트 획일성

Standardized housing types

3

획일성 문제의 특성
아파트 유형의 다양화

근대화 시대는 표준적인 삶의 유형을 설정하여 가능한 똑같은 주거공간을 효율적으로 공급하는 소품종 대량생산이 목표였다면 지금은 다양화된 주거에 관한 요구에 대응할 수 있도록 다품종 소량생산의 시대라고 할 수 있다.

아파트 획일성문제는 다양화되어가는 주거에 대한 요구를 담아낼 수 없는 개별공간의 획일성, 도시경관과 공공성 배려에 인색한 주거동 계획의 획일성, 그리고 주변 도시공간에 폐쇄적인 아파트 단지 계획의 획일성 등으로 구분할 수 있다.

아파트의 다양화는 개별세대 공간과 주거동 그리고 단지 차원에서 각각 혹은 함께 접근할 필요가 있다.

단지 차원에서는 주변맥락을 고려하여 매우 독특한 이미지를 가지면서도 동시에 지역의 특색을 강화할 수 있는 디자인을 제시할 수 있어야 한다.

이를 위해서는 지역성에 부합하는 적절한 재료, 형태, 조경 요소들을 이용하여 개발 부지의 환경, 보행로, 도로 등 조경적 특성과 현존하는 도시 구조물과도 신중하게 조화를 이룰 수 있도록 해야 한다.

아파트 주거동은 원래가 다양하다. 탑상형과 판상형 만이 용적률 확보가 가능한 유형이 아님을 인식하고, 획일화를 벗어날 수 있도록 다양한 유형으로의 변화가 시도되어야 한다.

획일성 문제의 특성

우리나라 아파트의 획일성 문제

전용공간을 우선하는 관행과 개별세대 평면의 획일성

사람들은 항상 자신의 개인적 생활에 적합하면서도 자신의 개체성(identity)을 표현할 수 있는 주택을 갖기 원하며, 이러한 점은 아파트 공간에 있어서도 마찬가지이다.

단조로운 경관을 만드는
획일적 주동과 배치
(당감동/부산)

대부분의 선진국에서도 초기에는 주택수급에 쫓기어 경제성을 따져 저렴한 건축비용으로 손쉽게 짓는 아파트들을 양산함으로써 오늘날에 와서는 주거환경이 획일화되고 도시의 경관을 해치고 있는 주범으로 문제가 되고 있다.

처음에는 생산성을 우선한 표준형 위주의 주거공간으로 건설이 이루어지다가 다음 단계에는 융통성을 지닌 가변형 단계를 거쳐 개별적인 생활양태에 적합한 생활 적합형으로 진행되는 것이 도시공동주택의 일반적인 변화 과정임을 사례를 통해서 알 수 있다.

시대변화에 따른 주거에 대한 요구의 변화에도 불구하고 편리성 위주의 표준화된 개별세대 공간 중심의 주거문화에 익숙해진 나머지 별다른 대안 마련의 필요성을 느끼지 못하고 있는 것이 우리의 상황이라고 할 수 있다.

이러한 공동주택의 획일성은 개별공간인 단위세대 공간의 획일성, 탑상형이나 판상형 등 주동유형의 획일성, 그리고 단지계획 및 단지 내 옥외공간의의 획일성 등으로 구분지어 생각해 볼 수 있다.

이제 우리나라의 주택계획방향도 양적개념에서의 표준형공급의 단계를 벗어나 주민 삶의 질을 다양한 측면에서 고려하는 생활 적합형으로 접어드는 단계라고 할 수 있다.

그럼에도 불구하고 아직은 단위세대 공간계획은 설계자의 의도 보다는 분양성을 우선한 개발 시행자의 의견에 따를 수밖에 없는 개발 관행에 따라, 획일적인 유형으로 공급이 이루어지고 있음을 볼 수 있다. 이것은 우리나라 사람들이 지닌 보편적인 주거에 관한 가치관과 밀접한 관계있다■주30■고 할 수 있다. 이를테면 집이란 자신만의 개성을 표현할 수 있는 차별화된 공간으로서

평생을 살아가야할 안식처로 인식하기보다는, 필요에 따라 이동과 매매도 용이하고 부동산으로서의 가치가 보장되는 편리한 생활공간으로 인식하는 경우가 많다.

또한 평면계획의 기본 패턴이 여전히 DK형에서 벗어나지 못하고 있는 점과 전면 폭이 넓은 3-4bay와 같은 평면계획으로 일관하고 있는 점이 평면유형의 다양화를 가로막는 단위세대 공간의 획일성의 원인이 되고 있다.

주거 동유형의 획일성과 배치의 단조로움

우리나라 공동주택의 주거 동유형이 획일화되고 있는 주된 이유는 주민들이 가지고 있는 전용공간 중심의 사고와 남향 베이를 중시하는 주거의식에서 찾아볼 수 있다.

한 조사 결과에 의하면 설계자의 의견 또한 남향의 판상형이나 탑상형 이외에 다른 유형은 일조, 통풍, 프라이버시 유지 측면에서 거주성을 보장하기가 어렵다고 판단하고 있는 것으로 나타났다.■주31■ 즉 탑상형과 판상형 만이 조망권 확보와 더불어 환경적 측면에서 성능보장이 가능한 것으로 생각하고 있다.예를 들어 고층 탑상형 단지 개발이 아닌, 가로 연도형으로 계획이 될 경우, 코너세대의 영구음영발생 문제와 함께 조망, 매연, 소음 등의 문제로 개별주호의 주거환경 성능보장이 어려울 것으로 속단하고 있음을 볼 수 있다.

아직은 그 어떤 다른 유형도 현실적으로 지금의 고층 탑상형과 판상형의 대안이 될 수 없다는 편견이 크게 작용하고 있음을 볼 수 있다.

배치에 있어서도 입지적 특성을 무시한 획일적 배치와 도시맥락과 가로경관을 도외시하고 향과 조망을 우선하는 남향 일변도의 주동 배치를 어쩔 수 없는 현실로 받아들이는 분위기이다.■주32■

그러나 이러한 획일적 배치의 보다 근본적인 원인으로는 여전히 사업성을 우선한 개발 관행과 설계의 수월성, 그리고 분양성 측면에서 세대별 동일한 단위주택을 부여하려는 의도 등의 획일적 공급체계와 경직된 주거의식 등을 들 수 있다.

정부기관에서 공동주택 기준을 만들어 심의에 적용하기도 하고, 2009년에는 국토해양부에서 공동주택 디자인 가이드라인을 제시하여 주동의 외관이

1970년대 획일적 판상형 아파트 단지 (남천삼익/부산)

나 높이가 획일적이지 않고 주변 시설과 조화를 이루도록 유도한 적이 있다. 그러나 경제성이 최우선시되는 현실적 상황에서는 그 효력을 발휘하기가 쉽지 않고 결과도 크게 달라졌다고 보기는 어렵다.

그러나 최근 들어 도시개발이 아닌 재생의 시대를 맞이하여 변화가 일어나고 있다. 단지 내 주거생활의 편리성뿐만 아니라 도시 아파트가 지녀야 할 공공성에 대한 논의와 함께 도시주택 유형의 다양화에 대한 필요성이 본격적으로 제기되고 있음을 볼 수 있다.

외부공간과 아파트 전체 주거환경의 가치를 경시하는 풍조

우리나라 아파트는 고밀화하는 방법으로 고층화를 택하였으며 이를 위한 인동간격 축소가 지속적으로 이루어져 왔다. 또한 고층 고밀화의 과정 중 개인 전용공간의 거주성을 지키려는 노력이 더욱 견고해짐에 따라 옥외공간의 질적 저하를 감수하는 쪽을 택하게 된 것■주33■이라 할 수 있다.

이러한 전용공간의 거주성을 우선시하는 관행은 개인세대 위주의 주거의식을 더욱 공고히 함으로써 아파트 단지 전반에 관한 주거 환경적 가치를 경시하는 풍조를 낳게 되었다. 더구나 사업성을 우선시하는 시행사 혹은 시공사가 주도하는 공급체제로 인하여 창의적이고 면밀한 주거환경 설계의 기회가 차단되면서 설계의 비중과 디자인안 자체를 경시하는 분위기가 조성되었다고도 할 수 있다.

결과적으로 경제성 우선의 자본주의 논리에 따라 삶의 질의 평가에 대한 인식이 왜곡되게 되었으며, 보다 다양한 요구에 대응할 수 있는 실험적인 단위세대 공간의 개발과 적용의 기회를 얻지 못한 채, 오로지 분양성만을 겨냥한 단위세대 계획으로 주거공간이 획일화되는 현상을 낳게 되었다고 할 수 있다.

아파트 획일화의 역사적 선례

서구 획일적 아파트 단지의 효시

지금까지 우리나라 아파트는 앞서 언급했듯이 근대화 이후 공급자 입장과 양적수급정책 기조에 따라 한두 가지 주동유형이 채택되어 용적률을 최대한 확보 할 수 있는 형식으로 배치를 하다 보니 획일적으로 조성되는 것이 관행화되었다고 할 수 있다.

이러한 방식은 서구에서도 근대건축 운동이 시작된 이후 양적 수급정책이 기조를 이루던 시기에 보편화되었던 방식이기도 하다.

서구에서의 분양주택의 출발은 양차 대전 사이까지 거슬러 올라간다. 처음에는 공영주택개발이 아닌 민간업체에 의해 대량 건설되었다.

영국의 경우 1919에서 1939년 사이에 준공된 400만 호 중 75%는 건축가를 거의 기용하지 않은 민간업체에 의해 건설됨으로써 평범하고 획일적인 외관을 갖게 되었다. ■주34■

이후 공동주택개발에 참여하게 된 르 꼬르 뷔제, 그로피우스, 힐베르자이머 같은 건축가들 역시 합리적인 주거형식으로서 일자형 주거동의 획일적 배치를 제안하였다.

판상형 주거단지의 획일적 배치의 효시는 1930년을 전후하여 그로피우스와 한스 샤로운(H.Scharoun)을 비롯한 여러 건축가가 함께 계획한 베를린 교외의 '지멘슈타트(Siemmenstadt) 지구계획'이라 할 수 있다.

이곳은 원래 세계적 대기업인 지멘스의 직원들 숙소로 시작되어 일반 시민들이 모여 살게 되었고, 당시의 공업지역에서 지금은 주거지역으로 변화되었다.

단지 내 주동은 일조 조건에 유리한 남북방향으로 배열되었고, 건물의 높이는 4, 5층으로 통일되었으며, 건물 사이의 간격을 넓게 배열하고 전면으로의 자동차 진입을 제한함으로써 넓은 외부 공간을 확보할 수 있었다. 이러한 배치기법은 도로율 축소로 인한 경제성 획득을 이유로 1920~30년대 초반까지 독일을 중심으로 지속적으로 시행되었다.

'지멘슈타트(Siemmenstadt) 지구계획'은 이후 실제로 일본의 초기 공영주택 단지의 모델이 되었고, 우리나라 근대화 초기의 잠실 주거단지도 이러한 기법에 영향을 받아 획일적인 판상형 단지로 건설되었으며, 이것이 오늘날 우리나라 공동주택 단지의 전형이 되었다고 할 수 있다.

획일적 판상형 지멘 슈타트
주거단지(1930, 베를린/독일)

도시적 삶을 위한 고성능 콘크리트 박스 : 유니테 'unite d'habitation, 1952'

르 꼬르 뷔제에 의한 유니테(unite)아파트는 결과적으로 과학기술의 상징적 산물이라 할 수 있다. 기능주의적 개념을 기본으로 한 모더니즘의 표상이긴 했지만, 도시와의 관계를 직접적으로 연계시킨 도시형 공동주택으로 보기는 어렵다. 하나의 콘크리트 박스 안에 도시적 삶을 구겨 넣고자 한 꼬르 뷔제의 생각은 도시와의 단절을 의도했던 것으로 볼 수 있고 완벽한 기능을 지닌 고성능의 적층 집단주거를 제안하고자 한 것이라 할 수 있다.

유니테
(unite d'habitation, 1952)

2차 대전 후 주택난 해소를 위해 착안한 유니테(unite d'habitation, 1952)의 개념과 목표는 첫 번째로 편안함이지만 대량생산을 위한 표준화를 요구하는 도시적 삶을 전제로 한 것이며, 두 번째로 넓은 대지 위에 수직화된 주거와 함께 수직 정원 도시의 조성이었으며, 세 번째로 이것은 넓게 퍼져있는 것을 하나의 기반시설로 수직 통합하는 기능주의적인 주거군이며, 네 번째로 모든 치수는 모듈을 근거로 하는 것■주35■이었다.

비록 유니테(unite)가 좁은 면적과 단조로운 복도 그리고 도시 기반시설의 내부화 실패로 인하여 비판을 받았지만, 근대도시에 적합한 공동주택 개념을 창의적으로 제시한 예시로서의 가치는 여전히 남아있다.

서구사회는 두 번의 세계대전을 겪은 후 사회적 안정기를 맞이하면서 겪게 된 심각한 주택난을 효율성과 경제성을 중요한 목표로 하여 단기간에 수많은 주택과 주거단지를 건립할 수 있었으나 반면에 많은 부작용을 낳기도 하였다.

프루이트 이고 단지 폭파
(1976, 미국)

대표적인 예로 미국의 유명 건축가에 의해 의욕적으로 계획된 미국 프루이트 이고(Pruiit-Igoe)는 1956년에 완성된 대규모 주거단지였지만, 바람직한 주거환경을 조성하는 데 실패하였을 뿐만 아니라 급속히 슬럼화되어 17년 후인 1972년, 33개 동의 주동 건물을 폭파해야만 했다.

그 이후 근대식 박스형의 획일적인 주동형식을 깨뜨리고자 하는 움직임이 일어났고, 그러한 사례 중에는 유기적인 평면구성과 형태를 시도한 로미오와 줄리엣(Romeo & Juliet : 독일 스투트가르트 1959)아파트와 주변의 자연환경과 조화를 이루도록 설계된 테라스형 공동주택인 할렌 주택(Halen Siedlung : 스위스 베른 1961)을 들 수 있다. 이러한 사례는 서구 근대주택에

로미오와 줄리엣
(1959, 스투트가르트/독일)

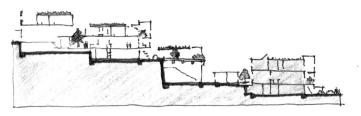

할렌 주거단지 근경
(1961, 베른/스위스)

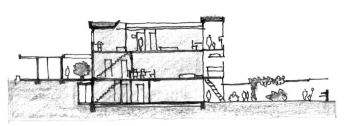

할렌 주택(Halen Siedlung) 단면도 (1961, 베른/스위스)

할렌 주거단지 전경
(1961, 베른/스위스)

서 소홀하게 다루었던 주거환경의 장소적 특성을 살린 동시에 획일적인 근대
식 박스로부터 탈피한 주거단지로 유명하다.

탈근대 시대 개발과 진보 신화에 대한 반성과 자각의 교훈

1960년대는 2차 대전의 폐해를 극복하고 풍요로운 물질문명에 따른 물질만
능주의로 인하여 인간소외 현상을 겪기 시작한 시기였다. 베트남 전쟁을 통
해서 다시 재현된 2차 대전의 참상과 여기에서 야기된 반전사상운동, 그리고
달 표면 착륙으로 맞이한 우주시대의 도래 등 그야말로 격동의 시기였다.

이러한 혁신적인 현상들이 나타남에 따라 기존의 가치 체계나 도덕, 고정된
원리, 엄격한 위계 등이 그 효력에 위협을 받게 되고 새로운 것을 찾으려는
분위기가 팽배한 시대였다.

또한 근대건축이 야기한 도시의 비인간화와 황폐화에 대하여 많은 반성과 자
각을 갖게 한 시기로, 근대주의의 개발과 진보의 신화에 대한 회의와 함께
역사적 맥락(Context)에 대한 관심이 커지게 되었다. 대중들은 향수적 분위
기 속에서 감상적 복고주의에 휩싸이게 되었으며 당시 부각되기 시작한 공
해 문제로 인하여 환경 및 생태계의 중요성에 대한 관심이 고조되기 시작

릴링턴 스트리트 주거단지 가로변(1971, 런던/영국)

릴링턴 스트리트 배치도
(1971, 런던)

릴링턴 스트리트
(1971, 런던/영국)

릴링턴 스트리트 주거단지 중정
(1971, 런던/영국)

하였다. 결과적으로 역사적 건물과 유산을 보존하거나 재사용하려는 보존(Preservation) 운동과 리사이클링(Recycling) 운동이 함께 일어나게 되었다.■주36■

유럽의 도시주택은 역사적으로도 오랫동안 도시가로와의 연계성을 전제로 한 가로형 주택이 주류를 이루었으나, 근대에 접어들면서 소위 도시가로와는 무관한 단지의 형태로 지어지기 시작하였다. 그러나 근대 후기에 접어들면서 효율적인 삶을 주안점으로 한 획일적인 근대식 아파트에 대한 반성과 더불어 전통적 도시맥락에 따라 지어진 주거환경 조성을 위한 노력이 나타나게 되었다.

대표적인 사례가 1971년 더반 & 다크에 의해 설계된 런던 핌 리코에 위치한 릴링턴 스트리트(Lillington Street)이다. 이것은 단지형에서 도시 가로형으로의 회귀 현상을 알리는 출발점이 되었다.

아파트 유형의 다양화

개별세대와 아파트 동 유형의 다양화

거주민 생활양태의 개별성에 대응한 주호공간의 변화

오늘날 아파트가 대도시 주거 형태의 절반 이상을 차지하게 되면서 아파트에 대한 사회적 요구도 크게 달라지는 양상을 보인다. 양에서 질로, 다시 질에서 생활문화의 멋으로 서서히 이동하고 있음을 볼 수 있다. 더불어 아파트에 대한 거주자의 요구 수준도 점차 높아지면서, 개별적인 거주민의 요구에 어떻게 대응할 것인가가 아파트 계획에 주어진 커다란 과제가 되고 있다.

거주자의 생활양태는 본래가 그 개별성에 있어 다양하므로 아파트 계획은 이러한 개별성을 어떻게 공동화할 것인가 하는 점이 주된 문제가 된다.

80년대 들어서면서 우리나라에서도 획일적이던 아파트 유형의 다양화에 대한 노력을 기울이게 되었다. 이 시기에 주택공사에서는 융통성 주거개발과 평면 다양화에 관한 연구■주37■를 하기도 했다.

예컨대 고정화된 평면 형태에서 벗어나 거주자의 다양성과 주생활의 변화에 대응할 수 있는 수법으로서 주문형 주택이 제안된 적이 있다. 주문형은 일정한 평면에서 공간적 변화가 가능한 범위 내에서 몇 가지 종류의 평면, 그리고 마감재료 등을 선택하도록 하는 방식이다. 1983년 개포동 신정아파트에서 초기적인 선례를 남겼으며, 1987년 부산 구서동의 선경아파트에서 입주자에게 내부 공간구성에 차이가 있는 몇 가지 종류의 평면형 그리고 마감재료, 거실, 안방의 조명기구, 화장실 변기의 색깔, 실내 도어의 디자인을 사전에 보여주고 선택하도록 하였다.

그러나 주문식 주택에 대한 주민들의 반응은 기대에 미치지 못했다. 결국 거주자의 다양한 요구에 대응할 수 있는 주문형 혹은 가변형 제안도, 장기간 삶의 양태를 면밀하게 파악하여 생활문화를 정확히 포착한 다음, 이를 근거로 가변성 계획이 이루어져야 그 효과를 기대할 수 있음을 깨우쳐준 사례라고 할 수 있다.

주거의 구조체와 가변형 내부공간의 분리 공급

주거에 관한 수요층의 다양한 요구에 대응하기 위하여 주호 내부공간의 융통성을 최대한 부여한다는 취지에서 주거의 구조체와 가변형 내부공간을 구분하여 설계하고 공급하는 것이 국내외적으로 제안 · 시행되고 있다.

지가가 높은 도심의 입지에 먼저 구조체를 정착시킴으로써 하나의 주택을 2단계로 구분하여 건설하고 공급하려는 생각 자체는 비교적 오래전부터 시작된 것이다. 유럽의 경우 1960년대 초에 네덜란드 건축가 하브라켄(N.J.Habraken MIT) 명예 교수가 건축생산 시스템과 건축기술의 관점에서 이 방식을 개발하여, 1970년대 후반 일본에 도입되었다. 그 후에 일본의 주거문제 해결에 도움이 될 수 있는 새로운 기술 개발과 사회상황에 대응하기 위해 개발한 것이 일본형 스켈리턴, 인필 방식이라 할 수 있다.

그밖에 임대주택 수요층 요구의 다양화에 대응하기 위하여 개성화를 추구하고자 하는 것으로 인테리어, 칸 벽, 설비 등을 변경할 수 있는 가능성을 높인 '프리플랜 임대주택'이 있다. 입주 시 무료 디자인뿐만 아니라 가족의 성장에 따라 구조변경이 가능한 공동주택을 비교적 저렴한 가격에 공급하는 것을 의도한 것이다.

다이닝 키친 형식(DK형)을 벗어난 계획적 시도가 필요하다.

지난날 소형 아파트 위주로 주택을 공급하던 시절에 공간의 효율적 사용을 위하여 도입한 것이 다이닝 키친 형식(DK형)이다. 이것이 우리나라 아파트 개별세대 평면의 기본유형으로 정착하게 되었다. 그러나 지금에 와서는 다이닝 키친 형식이 기본유형이라는 고정관념으로 인해 오히려 다양한 평면계획을 어렵게 하고 있다.

앞서 언급했듯이 다양한 삶의 양태에 대응하기 위해서는 다이닝 키친 형식(DK형)을 벗어난 계획적 시도가 필요하다. 3-4bay등 남측에 면하는 베이를 최대한 확장해야 한다는 인식을 바꿀 수 있도록 개별세대 공간의 계획과 세대공간집합을 적용, 시도해볼 필요가 있다. 이러한 평면 패턴에 관한 변화 이외에도 생활문화적 측면에서 전통적인 생활문화를 담아낼 수 있는 한국형 아파트 세대공간에 관한 연구가 필요하며, 이러한 접근을 통하여 보다 다양한

아파트 방을 전통적 생활공간
으로 변경한 사례(가야벽산/부산)

거주공간이 제안될 수 있을 것이다.

단위세대 블록구성의 다양화: Habitat 67

간결하고 단조로운 형식을 추구했던 근대주택 형식을 벗어나 각각의 단위세대 블록을 다양한 방법으로 결합시킨 캐나다 몬트리올의 하비타트 67(Habitat 1967)은 흥미로운 외관 디자인을 제시한 새로운 아파트 계획 사례로 널리 알려져 있다.

이 주거단지는 이스라엘 초기 근대건축에 영향을 받은 모세 사프디(Moshe Safdie)의 작품으로, 1967년 몬트리올 세계 엑스포가 열린 장소인 로렌스 강변(St. Lawrence River)에 지어졌다. 원래는 900가구로 계획되었으나 결국 158가구만 지어졌다. ■주38■

주거공간은 미리 제작된 354개의 모듈과 그것을 연결하는 스틸 케이블로 조립되었다. 각각의 유닛은 프라이버시를 확보할 수 있도록 시선을 처리하여 '도시권역 교외 특유의 어메니티'를 제공하고 있다.

요철형태구성을 통하여 아래층 가구의 지붕을 위층 가구의 테라스로 제공하고, 내부의 보도는 전체적인 기능을 복합화하는 수평적인 순환로 역할을 한

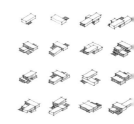

블록조합의 변화 Habitat 67 :
개별세대는 1~4개의 블록조합
으로 구성

하비타67단지 원경
(몬트리올/캐나다)

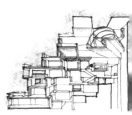

Habitat 67 단지 단면
(몬트리올/캐나다)

하비타67(Habitat67) .M.Safdie(몬트리올/캐나다)

Habitat 67 단지 옥상
(몬트리올/캐나다)

그림83 • sky Habitat
M. Safdie(싱가포르)

그림84 • 단위세대블록구성과 유사한 개념으로 입면을 특화한 국내사례(화명동/부산)

다. 프라이버시와 공공영역의 다양한 결합과 각 세대로의 다양한 진입 방법, 기대하지 못했던 훌륭한 전망, 그리고 옥외공간의 질적인 우수함 등으로 인하여 커다란 호평을 받았다.

블록 유닛 하나의 크기는 11.7m x 5.3m에 높이 3m로 대략 20평 규모다. 임대주택으로 이용되었으나 재정상의 이유로 개인에게 불하하였으며 거주자의 3/4이 공동출자를 하여 유한법인을 설립하여 건물 관리를 하고 있다. ■주39■

주거 동유형의 다양화 : 아파트 주거동은 원래 다양하다

오늘날 우리의 도시주거환경은 교통의 지배를 받게 되면서 주변 지역의 조건 (local context)을 거의, 혹은 전혀 고려하지 않은 채, 판상형과 탑상형으로 정형화된 정육면체 건물을 도로와 단절된 단지 형식으로 수도 없이 복제하여 왔다. 그 결과 도시경관은 매우 단순화되었고 주거환경은 서로 같은 모습이 되어 구분할 수 없게 되어 버렸다.

국내 아파트 설계를 전문으로 하는 설계사무소 실무자들이 생각하는 아파트 유형은 아래 표와 같이 비교적 한정된 유형만 인식하고 있는 것으로 나타났다. 그러나 아파트의 주동형식은 저자가 분류한 아파트 유형 표에서 볼 수 있듯이 매우 다양한 유형 분류가 가능하며, 세계적으로 매우 다양한 유형으로 건립이 되고 있음을 볼 수 있다.

주거 관련 설계실무자가 생각하는 우리나라 아파트 유형

판상형	판상 형
	판상 절곡 형
탑상형	T자 탑상 형
	L자 탑상 형
	십자 탑상 형
	탑상이형 혹은 복합형
기타	연도 형 혹은 중정 형
	높이에 따른 고층, 중 층, 저층

〈 참조:우동주, '공동주택의 가로 연계 및 주동유형 다양화 방향성 고찰', 대한건축학회논문집〉

저자가 분류해 본 아파트 유형

A 가구(街區)블록형 Block-defining structure	A-1 가구 일체형:urban block
	A-2 가구 코너형:corner building
	A-3 가구 주호 집합형 :Urban unit infill/ Party-wall housing
B 가로 주상복합형 Mixed-use building	B-1 가로 판상형:Slab
	B-2 가로 탑상형　:Residential tower
	B-3 고밀혼합형:Conglomerate ／성채형:Kasbah　/거대구조물형: Super block
C 가로 연립형 Street row-housing	C-1 타운하우스:Town house
	C-2 연립주거:Row-housing
D 단지형 Grouped housing	D-1 판상형 단지:Grouped flat or Free standing structure
	D-2 탑상형 단지:Grouped highrise or Free standing structure
	D-3 탑상,판상 혼합형 단지/ 탑상이형
E 기타	E-1 테라스형 : Terrace
	E-2 빌라형 : Grouped Villas

학자별 아파트 유형 분류 비교(외국)

연구자 / 대분류	가로형	연립형	탑상형	판상형	빌라형
R.Sherwood (1979)	• Block Housing	• Party- wall housing • Row-housing • Detached & Semidetached Housing	• Tower	• Slab	
F. Schneider (1994)	• Block-defining structure • Corner Building • Urban Infill	• Firewall Buildings • Row Houses • Town-house • High-Density, Low-Rise	• Residential Towers	• Free standing Structure	• Urban Villas
P.B.Pedersen (2009)	• Urban Block • Barcode	• Conglomerate • Kasbah • Superblock	• Grouped Highrise	• Slab	• Urban Villa

〈 참조:우동주,'공동주택의 가로 연계 및 주동유형 다양화 방향성 고찰', 대한건축학회논문집〉

아파트의 유형은 역사적으로 도시가로 형성과 연계되어 다양하게 발전되어
왔음에 비추어 볼 때, 우리나라 아파트 유형도 도시주거가 지니고 있는 공공
성에 대한 인식과 더불어 도시가로와의 다각적인 연계를 통하여 다양화를 꾀
할 수 있을 것이다.

아파트 디자인의 다양화

거주방식변화에 따른 거주형식의 다양화

우리나라도 급격히 변화하는 사회 속에서 삶의 유형과 삶의 가치관이 변화하고 있다. 저출산 고령화 사회의 진전과 함께 가족의 규모와 구성에도 변화가 나타나고 있고, 그 결과 거주방식도 다양하게 변화하고 있음을 볼 수 있다.

베란다 디자인에 의한
입면다양화(2008, Rudiger
Lainer 비엔나/오스트리아)

따라서 주택 공급 측면에서도 기존의 불특정 다수에 대한 대응이 아닌 소규모 가족과 독신자 등 대상을 다양화하는 변화가 나타나고있다.

예를 들어 최근에는 초고층 주상복합이 다양한 공동체시설과 결합해 고급화하는 경향을 보여주고 있다. 생활 가치관의 다양화와 주택수요의 변화, 생활의 24시간화, 여성의 사회진출의 진전, 도심거주 지향과 생활지원 서비스의 향상 등으로 인하여 수요의 다양화와 새로운 공급시스템이 요구되고 있다.

아파트 단지 출입구
(구마모토/일본)

일본의 경우, 과거와 현재를 이어주는 거주형식으로, 반공적 공간을 계승한 아파트 단지의 재생과 기억을 이어주는 단지 재생, 사람과 공간을 이어주는 재건축, 단지 재생을 마을만들기 개념으로 접근하는 등■주40■의 주택수요가 다양하게 나타나고 있다. 우리나라의 경우도 소규모 주거지 재생과 단독주거에 관한 관심이 증가하는 추세에 있으며, 거주방식 변화에 따른 주거공간에 대한 요구가 다양하게 전개될 것으로 예측된다.

시각적 안락감(visual comfort)을 위한 경관의 중요성

획일적 고층 아파트로 인하여 도시경관의 중요성에 대한 인식이 고조되고 있으나 현실적으로는 조정이 쉽지 않다.

아파트 출입구 디자인
(베를린/독일)

전 세계의 경제 시스템은 요즘 들어서 그동안 환경에 대한 관심 부족의 대가를 치르고 있는 것으로 평가되고 있다. 규모가 크든 작든 그 어떤 측면에서도 경관의 질과 환경적 수용력이 다른 분야에 비추어 동등하게 취급되지 못하고 있다. 전 세계적으로 논의되고 있는 생태환경의 중요성이 국내에서는 사치품으로 생각되는 것과 마찬가지로 아파트 주택단지와 같은 규모의 경관 디자인이 여전히 소홀히 다루어지고 있는 것이 현실이다.

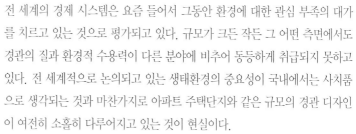

수변 아파트(런던/영국)

지속가능한 건축디자인 요소 중 하나인 시각적 안락감(visual comfort)의 측

면에서 볼 때 도심의 아파트 디자인은 매우 중요하다. 특히 고층 아파트의 옥탑층 디자인은 도시경관을 형성하는 데 결정적인 역할을 한다. 옥탑층 지붕은 우리나라가 산지에 둘러 쌓여있어 그런지 평지붕보다는 경사지붕이 어울린다고 생각한다. 아파트 건물의 외관은 발코니 부분과 주거동 출입구 디자인 등 디테일을 통하여 입면디자인의 차별화를 꾀할 수 있다.

중정 가로형 모서리 부분을 분절함으로써 이미지를 강조한 사례 (바르셀로나/스페인)

장소성 구현을 목표로 한 아파트 디자인 개념의 다양화

지역의 정체성을 강화하기 위해서는 지역 고유의 특성으로부터 영감을 이끌어내야 한다. 지역 환경을 고려하지 않은 디자인은 매우 흔한 장소로 귀결되기 쉽기 때문이다.

어떠한 장소도 나름의 특성이 있기 때문에, 하나의 장소가 과거로부터 지니고 있던 개별적 특성에 관한 분석 결과는 특색있는 주거환경 디자인을 위한 기반을 제공해 준다.

모더니즘 이후 건축디자인은 단일 건축물에 대한 디자인에 집착하는 경향을 보여 주었다. 그러나 현대에 와서는 이러한 모더니즘적 사고에 대한 반성과 더불어 단일의 건축 공간 못지않게 도시의 장소성을 조성하는데 건축디자인이 기여해야 한다는 목소리가 커지고 있다.

항구 특성을 살린 단지 테겔항 IBA (베를린/독일)

항구 특성을 살린 단지 테겔항 IBA (베를린/독일)

다양한 발코니와 옥탑층 디자인으로 외관을 다양화 한 사례 (템즈강변 런던/영국)

수변 구릉지의 장소적 특성을 살리지 못한 사례 (용호동/부산)

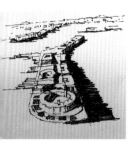

KNSM 단지 원경
(암스테르담/네델란드)
—
수변 부지특성에 따라 적절하게
배치한 다양한 형태군집의
주거단지

KNSM단지 Emerald Empire
원형 중정
(암스테르담/네델란드)

캐스케이드 강변 아파트
(1988, 런던/영국)

따라서 아파트는 기본적으로 매우 독특한 이미지를 가지면서도 동시에 지역의 특색을 강화할 수 있는 디자인을 제시할 수 있어야 한다.

이를 위해서는 지역성에 부합하는 적절한 재료, 형태, 조경 요소들을 이용함으로써 아파트 개발 부지의 조경적 특성과 주변 환경, 보행도, 가로, 도로 그리고 현존하는 도시 구조물과도 신중하게 조화를 이룰 수 있도록 해야 한다.

지역성과의 조화란 구체적으로는 단지 외부로부터 단지 내의 주거생활에 영향을 미치는 공익시설인 학교, 종교시설, 시장 등의 위치, 그리고 시설물들에 대한 접근 가능성까지 포함한다. 또한 인근 토지 이용, 버스정류장 및 노선, 주로 사용하는 간선도로 등과 같은 것들과의 통합적 연계를 의미한다.

아울러 현존하는 주변의 물리적인 형태, 지면, 지질, 조경 등을 활용함으로써 보다 지속가능한 개발이 가능할 것이다.

아파트 계획은 근본적으로 지역사회를 해치지 않고 장소적 특성을 보다 견고히 하도록 함과 동시에 개성을 지닌 주거환경이 형성될 수 있도록 해야 한다.

입지적 특성에 어울리면서도 개성이 있는 아파트 사례로는 런던 템즈 강변에 위치한 캐스케이드(Cascades 1988)와 해머스미드 앤 풀험(Hammersmith and Fulham) 주택을 들 수 있다.

KNSM 단지 Emerald Empire (암스테르담/네델란드)

헤론 홈즈 사에 의해 지어진 캐스케이드 아파트는 최고 20층 주동으로 1층에는 3개의 점포를 배치하고 있다. 수영장은 지표면이 아닌 건물 상부에 두고 있으며, 뛰어난 전망을 제공하는 고급스러운 고층 주거지로 계획되었다. 168가구로 구성된 주거동은 45도 경사 형태가 특징이며, 거주자들의 만족도가 높은 뛰어난 공동주택으로 평가받고 있다.■주41■

그리고 건축가 리처드 로저스가 설계한 해머스미드 앤 풀험(Hammersmith and Fulham)주택은 건축가에게 설계의 기회가 주어지기 어려운 현대식 최고급 주택이다. 3동이 저층부로 연결된 5층 군집형 배치이며, 각각의 주동은 각 층에 2세대의 주호와 지붕 테라스를 가진 펜트하우스로 구성되어있다. 강변의 전망을 즐길 수 있도록 입면은 전체가 유리로 마감되어 있다.■주42■

아브락사스단지 중정 (1982, 프랑스)

서스 월드_포참팍
991, 후쿠오카/일본)

서스 월드_마크 맥
991, 후쿠오카/일본)

·브락사스단지
982, 프랑스)

|관과는 달리 서민아파트임을
|여주는 아브락사스 내부
|별세대 부엌
|982, 프랑스)

외국건축가 참여유도에 의한 디자인개념의 다양화

1991년에 준공한 후쿠오카의 넥서스 월드는 일부러 통일감을 추구하지 않고 외국인 건축가들을 기용하여 개별 건축가의 창의성과 자율성을 존중하는 차원에서 디자인 개념의 다양화를 꾀한 시범지역이다. 코디네이트 방식으로 세계적인 외국 건축가들 개인의 주택에 관한 사상과 생활방식이 표출된 새로운 제안들이 빚어낸 획기적인 결과지만, 오늘날에 와서는 그 결과에 대해서는 찬반양론이 첨예한 곳이기도 하다.

주요 선진국들은 서민용 주택건축 문화를 바꿔 도시의 아름다움을 되살리는 노력을 기울이고 있다. 특히 공공성이 요구되는 도시주거사업에는 유명 건축가들이 작업에 참여하도록 정부가 재정적 그리고 법규상으로 지원을 함으로써 다양한 주거개념의 실현을 유도하고 있다.

프랑스의 파리 근교 신도시 세르주 퐁투와즈 지구와 마른 라발레 지구는 획일적인 아파트를 다양화하기 위해서 공모전을 통하여 세계적인 건축가들의 아이디어를 실현토록 하였다. 스페인 건축가 리카르드 보필(R. Bofill)과 마놀로 누에즈 야노브스키(M. Nunez-Yanowsky) 등의 건축가들이 참여한 이 신도시는 프랑스의 대표적 건축 유산인 베르사유 궁전과 개선문, 오페라 극장 등의 고전적 이미지를 현대적으로 적용한 것이 특징이다.

다양화를 위한 법적 제도적 지원

국내에서도 당선자에게는 해당 주택 블록의 설계권이 부여되는 설계공모(제1회 대한민국 PUBLIC HOUSING 설계공모 대전)가 국토교통부와 한국토지주택공사가 공동 주최하여 2018년 4월에 처음 개최되었다. 이러한 설계권이 부여되는 설계공모 방식을 모든 아파트 개발사업에 적용할 필요가 있다. 대규모 개발방식을 일정 세대의 소규모 단위 개발방식으로 변경하여 여러 명의 건축전문가가 함께 참여하는 것이다. 각각 다양하면서도 통일감 있는 수준 높은 주거환경을 제안하는 것을 유도할 수 있는 방안으로 이를 법제화할 필요가 있다. ■주43■

재개발과 재건축을 추진하면서 집값 상승을 막기 위해 분양가 상한제를 적용하고 있는데 아파트의 양적 측면에 관한 규제와 더불어 디자인의 질적 측면

피카소아레나 (프랑스)

피카소아레나 창 (프랑스)

을 겨냥하여 수준 높은 아파트 개발을 유도할 수 있는 종합적인 법적 · 제도적 개선이 필요하다. 예를 들어 '상층부에 고급 펜트하우스를 만들면 1층을 주민들을 위한 공원을 설계할 수 있도록 규제 완화를 해주는 등의 제도적 지원'[주45]이 하나의 유도 방안이 될 수 있다. 이러한 측면에서 볼 때 분양가 상한제도 유연하게 적용할 필요가 있으며, 아파트 디자인의 질적인 측면을 제대로 평가할 수 있는 제도가 필요하다.

디자인 가이드라인 작성과 함께 비전을 지닌 다양한 계획안들이 체계적이고 효율적인 과정으로 실현되기 위해서는 총괄 건축가(MA) 제도의 활성화가 필요하다.

높은 층고(4.5m)로 공간의 차별화를 꾀한 팬트하우스 (I Park 해운대/부산)

총괄 건축가 제도는 유럽의 도시개발과 일본의 주거지 개발사업에서 그 실효성이 밝혀진 제도이지만, 우리나라에서는 2001년 용인 신갈 개발에 처음 시도된 것으로 알려져 있다. 2003년 서울 은평구 개발에서 본격적으로 도입하여 도시공간과 주거공간의 관계 설정이나 혼합을 통한 가로 활성화 등에 도움이 된 것으로 평가되고 있다.

그동안 시행되어온 획일적 대단지 개발이나 사업성 중심의 재건축에서는 총괄 건축가 제도가 그다지 필요 없는 제도였지만, 질적 측면의 단지 재생이 요

중앙대루변 담장으로 둘러쳐진 아파트 단지 (장전동/부산)

주상복합형 아파트 (파리)

구되는 오늘날에는 그 역할이 중요하다. 지속가능성에 관한 식견을 가지면서 아파트에 관한 연구를 꾸준하게 해온 전문가들이 더욱 요구 될 것이다. 총괄 건축가(MA)의 역할을 원활하게 수행할 수 있는 주거 관련 전문가를 양성하는 것도 다른 노력과 병행해서 이루어져야 할 사안이다.

다양화를 위한 선결과제

아파트의 획일성 문제는 앞서 언급했듯이 여러 가지 원인이 복합적으로 작용하고 있음을 볼 수 있다. 표준적인 삶의 방식을 설정하여 이를 기본으로 인기 있는 평면형을 획일적으로 공급해 온 방식이 관행화된 것이 획일화의 근본적인 원인이라고 할 수 있다. 특히 모델하우스을 통한 선분양 주택 공급방식은 개별세대 공간 중심의 주거의식을 고착화하는 데 결정적인 영향을 끼쳤다고 할 수 있다. 아울러 이러한 공급방식이 아파트의 주동과 외부공간에 대해서는 상대적으로 무관심하게 되는 경향을 낳게 되었음을 알 수 있다. 이러한 분위기는 자연히 자신의 개인적 전용공간 이외 공개공지나 공공시설 등 공공성에 관련된 공간에 관해서는 관심을 갖지 않는 것을 당연시하게 만들었다.

더구나 공급자 중심의 개발방식은 가능한 한두 가지 유형을 중심으로 공급하는 것이 사업성 측면에서 유리하다는 점도 크게 작용하였음을 알 수 있다.

오랫동안 살고 싶은 아파트 주거환경을 가꾸기 위해서는 개별세대 공간 못지않게 단지 내의 외부공간과 단지 밖의 가로공간과의 연계를 통한 공동체적인 삶의 장소를 통합적으로 가꾸어나가는 것이 무엇보다 중요하다는 점을 모두가 인식해야 한다. 인구감소와 고령화 시대로 접어들면서 나타나고 있는 도시사회 변화와, 이에 따른 주거에 대한 요구와 의식의 다양화 현상에 어떻게 대응을 해나갈 것인가가 과제이다.

아파트 단지의 폐쇄성

Disconnection to public outside

4

가로와 단절된 아파트 단지

담장 밖 공간과 관계 맺기

하나의 도시가 형성될 때 도시주거도 함께 만들어졌다.

그래서 아파트의 역사는 로마 시대까지 거슬러 올라간다.

세계의 도시들은 나름의 도시주거 모델을 저마다 갖고 있다. 그러나 우리에겐 서구와 같은 도시주거 모델이 없다. 고밀 도시를 가져본 적 없는 한국 사람에게는 도시주거 모델이 없으니 부담도 없고 도심에 단지를 함부로 짓고 있는 것이다.

처음부터 아파트 단지는 주변 가로로부터 독립적이었으며 자치적인 주택지구로 고안되었던 것이다. 즉 도시의 공공성을 무시할 수 있었으며, 이것이 도시와의 연계를 경시하는 풍조로 굳어져 버렸다.

주민 상호 간 원활한 이웃관계를 유도하고, 주변 가로와 연계를 위해서는 개방적인 주거환경이 되어야 한다.

주거공간을 개방한다는 의미는 물리적 공간을 열어 보인다는 것 이상으로 자신의 생활을 바깥으로 연장한다는 개념이기도 하다.

개인적 삶을 위하여 이웃과의 교류를 단절함으로써 삶의 공용화가 갖는 즐거움을 잊고 살거나 그런 여유로움이 없는 사회가 현 우리의 모습이 아닌가 한다.

이러한 측면에서 가로형은 도시 아파트가 지녀야 할 최소한의 공공성 확보에 적합하며 단지 주변 가로의 생활 공간화의 필요성이 커지고 있는 현 상황에서 시도를 해볼 만한, 여전히 유효한 형식이라고 할 수 있다.

가로와 단절된 아파트 단지

'도시의 섬' 아파트 단지

외부에 대해 배타적인 아파트 주거단지

우리나라는 그동안 급속한 근대화 과정을 통하여 광범위한 도시 개발과 재개발을 경험하였다. 개발의 상당 부분은 장소성(sense of place)을 상실하는 결과를 초래하는 등 매우 열악한 개발이었다. 도심개발이 활성화되면서 기존의 뛰어난 도시 골격이 훼손되기도 하였으며, 전통적인 건축적 유산이 평범하고 단조로운 개발에 그 자리를 내주는 경우도 적지 않았다. 또한 고층 고밀화를 위해 한두 가지 주동유형으로 아파트가 건설됨에 따라 가로경관이 획일화되고, 단지 주변이 지니고 있던 본래의 매력을 잃어버리는 경우도 많았다.

단지형으로 출발한 우리나라 아파트는 단지를 우선으로 개발하는 것이 관행화됨에 따라 단지 밖의 상황은 도외시한 채, 이기적이고 배타적인 주거문화를 지속적으로 생성하게 되었다.

우리나라 아파트 단지가 폐쇄적이면서 동시에 배타적 계획방식이 자리 잡게된 것은, 1975년 소위 근린주구론 개념을 기본 원칙으로 받아들여 잠실 주거단지를 조성하면서 간선도로변은 담장으로 둘러싸게 되었던 것이 계기가 되었다고 할 수 있다.

이것은 공공성을 도외시한 개인생활 중심의 공간 선호의식이 조장되는 원인이 되기도 하였으며, 주변 가로의 단절이 일반화되는 결과를 낳게 되었고 할 수 있다. ▣주45▣

설계 업무에 종사하는 주거 전문가들도 공동주택의 여러 가지 문제점 중에서 가장 심각하게 생각하는 것은 다음의 표에서 나타났듯이 획일성이나 초고층에 의한 경관 문제보다 '단지의 도시 맥락적 단절과 도시공간조직 파괴'를 지적하고 있어 그 심각성에 관한 인식을 엿보게 한다.

역사적으로 볼 때 도시의 구성은 곧 가로를 만드는 것이며, 가로는 주택이 주된 요소가 되어 만들어 가는 것이다.

그러나 우리의 경우는 도시공간을 구성하는 단위 요소(urban unit)로서의 도

빗장이 내려진 폐쇄적인
일반 주거단지(부산)

판상 가로형 주상복합주거
(1980년대, 구덕동/부산)

시주거의 의미를 처음부터 도외시하고, 도시 근교에 집단주거지를 형성하기 시작한 서구의 근대적 개발방식이 그대로 도심에 도입되면서 우리나라 공동주택의 이미지로 굳어져 버렸다고 할 수 있다.

주변 도시구조와 맥락을 무시한 채 별도의 막대한 기반시설이 투자된 아파트 단지는 자연스레 단지 밖과는 단절되면서 '도시의 섬'으로 존재하는 현상을 낳고 있다.

지역적 맥락을 따라 형성된
가로형건물 (리용/프랑스)

—

지역적 맥락(context)

지역적 맥락이란 계획된 개발이 위치할 지역의 특성과 배경을 말한다. 그 지역의 생태학적이고 역사적인 거주지, 건물, 공간의 형태 등을 의미한다.

그 장소와 그곳을 통과하는 교통 연계 체계와 지역 내 혹은 주변에서 생활하는 사람들까지 포함하며, 지역사회가 어떻게 조직되어 시민들이 계획 개발에 실질적인 참여자가 될 수 있는가에 대한 사항까지도 포함한다.

지역적 맥락은 독특한 지역을 창출해 내기 위한 시발점이 될 수 있음으로 이것에 대한 전반적이고 철저한 조사와 평가가 매우 중요하다.

〈Llewelyn-Davies,'Urban Design COMPENDIUM', 2000 p.19〉

주거설계 전문가들이 우리나라 공동주택의 문제점 중 가장 심각하게 생각하는 것

우리나라 공동주택 문제점	심각성
탑상이형으로만 건립되는 공동주택 주동유형의 획일성	28%
단지 주변 가로에 대해 폐쇄적 건립으로 인한 도시 맥락적 단절성과 도시공간조직의 파괴	32%
탑상이형 초고층으로 인한 도시경관 문제	17%
가변성, 친환경성을 소홀히 하는, 지속가능하지 못한 단수명 공동주택 건립 관행	23%

〈 참조: 우동주, '공동주택의 가로 연계 및 주동유형 다양화 방향성 고찰' 대한건축학회논문집 2013〉

가로맥락에 따른 재개발 사업으로 이루어진 카사밀라 가우디 (바르셀로나/스페인)

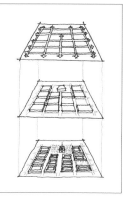

블록 구성개념
—

도시구조(urban structure)
도시구조라는 말은 도시 지역의 경관을 구성하는 개발 지역의 블록(block), 거리, 건물, 공개 공지, 조경들의 패턴이나 배치(arrangement)를 일컫는다.
도시구조는 이러한 요소들이 공간을 형성하기 위해 서로 맺고 있는 특정한 성질보다는 모든 요소들 간의 관계에 초점을 맞추고 있기 때문에, 공동주택 또한 이러한 도시공간조직과의 관계를 맺는 것이 중요하다.
〈Llewelyn-Davies,'Urban Design COMPENDIUM', 2000 p.188〉

개방적 단지 구성의 시도 : 과천신도시와 목동 신시가지 계획

대한주택공사가 영국의 뉴타운을 모델로 개발에 착수한 과천신도시계획(1980)은 도시 차원의 공간구조를 가진 최초의 신도시 계획안이었다. 따라서 아파트 계획에 있어서 도시 차원의 계획개념이 진전되는 계기가 되었으며■주46■, 이 시기에 태양열 주택 18호가 함께 건립되기도 하였다.

이후에 착수된 목동 신시가지 택지개발 마스터플랜(1984)에서는 중심축 개념과 선형도시 개념이 결합되고 일방통행 동선 체계와 보차분리개념이 적용되는 등 개방적 단지계획의 개념이 도입되었다.

이어서 상계신시가지(1985)에서는 서구의 경우와 같이 가로에서 직접 진입하는 가로형 아파트의 적용이 이루어진 것은 아니지만, 가로공간과 대응하는 주상복합형 주거동을 가로에 면하게끔 배치함으로써 보다 적극적으로 가로에 대응하는 개방적인 주거동 계획을 하였다.

이는 단지성을 해체함으로써 단지 주변에 대해서 개방적으로 단지를 구성하고자 하는 시도이기도 하였다.■주47■

그러나 전국의 도시 전반에 있어서는 고밀화와 초고층 현상이 심화되기 시작하면서 가로에 대해서도 폐쇄적인 도시의 섬으로 조성이 되는 경우가 보편화되었다.

폐쇄적인 아파트의 역사적 선례

도시 가로형에서 출발한 서구의 도시주거 : 인슐라 (insula)

아파트의 원형이라 할 수 있는 도시주거의 역사는 2000년 전 로마 시대까지 거슬러 올라간다.

서구의 도시주거는 도시공간을 구성하는 기본 단위(urban unit)로서, 도시의 형성과 함께 시작되었다. 기원전 1세경까지 로마 주요 도시의 주거형식은 주로 부유한 중산층을 위한 도무스(domus)라는 주택이었으나, 이후 7층 규모의 집합주택을 지어 세를 받았으며 그만큼 빈부의 차도 심했다고 한다.

이러한 집합주택은 인슐라(insula)라고 하여, 1층은 가게가 배치되고 2층부터는 살림집으로 작은 방들이 배치되었으며, 방마다 한 세대의 가족이 살았

로마시대 가로형 도시주거
인슐라

다.■주48■ 보통 인슐라의 1층은 석조이며 그 위층부터는 모두 나무로 지어졌는데, 붕괴나 화재 사고가 빈번하였다.

A.D 64년에 일어난 로마 대화재는 6일이나 지속되면서 시내의 절반을 태워버렸고, 이후 네로 황제는 시가지를 새로 정비하면서 몇 가지 원칙을 세웠다. 모든 시가지는 격자형으로 만들되 각 블록에는 소방도로를 두며, 블록 내의 인슐라는 부실을 방지하기 위해 7층 이하로 건축할 것, 화재의 확산을 방지하기 위해 인슐라는 서로 30피트의 이격 거리를 둘 것, 각 인슐라는 화재 시에 다른 세대로 대피할 수 있도록 베란다를 설치할 것 등등이었는데, 이것들은 이천년이 지난 지금도 지켜지고 있다■주49■고 한다.

가로와 블록개념의 형성

상가와 주택이 결합된 이러한 주상복합형 가로주택 형식은 오늘날 많은 유럽 도시의 가로 구조에서 공통적으로 찾아볼 수 있다. 주거가 도시골격의 기본적인 단위(urban unit) 역할을 하는 방식의 효시가 된 것으로 볼 수 있다.

오늘날 자동차가 주요 교통수단이 되면서 도시의 가로체계가 변화한 것처럼 당시의 교통수단인 마차로 인하여 바로크 시대에는 중세의 미로형 가로체계에서 탈피하여 외부로 향해 개방된 커다란 광장을 가로형 집합주택이 에워싸는 형식을 갖추게 되었다. 그 중앙에는 동상이나 기념물을 세우고, 방사선으로 뻗어 나가는 넓은 가로와 블록 개념이 형성되었다.

가로 뒤편에 각자의 중정을 품고 있는 가로형 타운하우스 (옥스포드)

가로형주거로 형성된 중심가로 (상트 페테르 부르그/러시아)

소극적 개방공간 → 건물, 나무, 벽체, 담장을 이용 공간의 폐쇄성을 강화하게

지나치게 폐쇄적공간 → 주변의 열린공간과 통합적 연계하기

가로형의 변용개념
〈Llewelyn-Davies, 앞의 책〉

가로형 타운하우스 (런던/영국)

가로형 타운하우스 형성하고 있는 가로 풍경 (바스/영국)

이러한 도시계획수법은 미국 도시들에도 많은 영향을 주었다. 미국의 수도인 워싱턴 D.C는 바로크 시대의 절정기의 프랑스 도시계획전문가 피에르 랑팡(Pierre Langfang)이 초기 설계를 하였다. 영국의 영향으로 필라델피아, 보스턴, 뉴욕 등 동부 해안 도시들에 타운하우스 형식의 주택이 조성되었다.

18세기에 들어서 파리와 런던에서는 넓은 부지를 갖고 있던 귀족의 저택이 혁명과 산업화를 통해 더 많은 사람을 수용할 수 있는 고밀한 저택으로 변해 갔다.

파리의 중산층 및 서민용 아파트는 5~6층 규모가 일반적이었으며, 중세의 협소하고 긴 대지가 그대로 사용되었는데, 대규모 광장을 중심으로 집합주택 형식을 띤 타운하우스(town house)가 에워싸는 형식이다.

그 결과 건물은 수직적으로는 더욱 적층화 되었고 1층에는 문지기의 집이 들어서는 등 저택이 다층화되면서 다락방은 외부계단에서 출입하는 하인과 하녀의 주거가 들어섰다. 이는 자연스런 현상으로서 한때 넓은 부지에 수평적으로 자리매김한 계층적 주거가 수직화한것이라는 표현이 적합하다.

19세기 초 유럽의 공업 도시에서는 부분적인 도시 정화작업이 시행된 데 반하여 파리에서는 주택 부족률 확보를 위하여 도시재개발이 도시 전역에 걸쳐 시행되었다.

가로형 도시주거로 형성된
파리 원경

가로 중정형 블록
(파리/프랑스)

가로형 주거로 재단장한 베를린 가로

영국의 경우 도시에 직접 공장을 지은 반면에 프랑스의 파리에서는 이것을 아파트가 대신했다. 19세기 런던 시내가 공장으로 넘쳐났다면, 파리 시내는 아파트로 넘쳐났다.■주50■

나폴레옹 3세 집권 당시 파리도로계획법(Decret relatif aux rues del paris, 1822)이 설정되면서 공공의 의사를 무시한 채, 오스망(Haussman)에 의해 국방도로시스템(Boulevard, 1853)이 이루어지게 되었으며 넓은 가로수 길을 조성하는 과정에서 수많은 중산층이 도시 외곽으로 쫓겨나게 되었다.

특히 파리는 오스망에 의한 재개발 이후 도시 전체가 거대한 아파트 단지로 변모하게 되었으며, 1층은 호화 상가 및 업체가 입주했다. 약 인구의 1/3(370,000)이 6층 규모의 도로변 새 아파트에 이주하게 되었으며■주51■, 오늘날 파리 모습의 기본이 이때 이루어지게 된 것이다.

지금도 파리는 도시 자체가 중층 높이의 가로형 공동주택으로 이루어진 거대한 단지라는 느낌이 들게 하는데, 이러한 가로형 주택이야말로 파리를 근대적 대도시로 만든 주역이었다고 할 수 있다. 독일의 베를린에서도 파리(Paris)의 이 같은 예를 모방하여 방사형(22~30m)의 간선도로와 광장이 조성되었다.

이처럼 서양의 도시주거는 처음부터 도시 형성의 기본적인 단위 역할을 하였음을 알 수 있고, 이러한 과정에서 형성된 가로형 주택 형식은 여전히 오늘날 유럽의 많은 도시가로 경관의 기본 골격을 형성하고 있음을 볼 수 있다.

폐쇄적 단지의 등장 : '녹색 속의 고층 주택'

아파트 단지 획일화의 전형이 된 지멘슈타트(Siemmenstadt) 지구계획은 1930년을 전후하여 건축가 월트 그로피우스와 한스 샤로운(H.Scharoun)을 비롯한 여러 건축가와 함께 베를린 교외에 건립한 단지형 도시주택이다. 이것은 많은 유럽의 도시에서 쉽게 찾아볼 수 있는 상가와 주택이 결합된 주상복합의 가로형 주택 형식이 아닌 가로와는 단절된 아파트 단지였다.

영국의 경우도 1940년대 후반부터 1950년대 사이 신규 주택을 대량 건설하였는데 모든 연령층을 위해 다양한 규모의 주호들이 혼합 개발되었다. 건강을 위해 직사광선이 중요함을 인식하여 남향 평행 배치를 우선함에 따라 공동주택의 주동은 도로에서 떨어진 단지 형식으로 건립되었다.

이러한 구성개념을 도입한 공동주택으로는 런던의 알톤 주거단지(Alton Estate, 1952-1959)와 처칠 가든 단지(Churchill Gardens Estate)가 있는데, 당시에는 도로에서 주동이 떨어져 위치하는 점에 대해 의문을 품는 사람은 없었다고 한다.

알톤 주거단지의 부지는 이전 많은 빅토리아 양식 주택의 정원이었던 곳이며, 성장한 나무를 보존하는 방식으로 12층 고층 주동, 5~6층 판상 주동, 땅콩집 주동, 테라스 하우스, 방갈로 하우스가 혼합 배치되었다. 특히 5개 동의 대규모 판상 주동에서는 르 꼬르 뷔제의 영향을 쉽게 찾아볼 수 있으며, 전체적으로는 도시의 가로에서 격리된 '녹색 속의 고층 주택'이라는 꼬르 뷔제의 꿈을 실현하고자였음을 알 수 있다.

가로형 주거형식 부활과 도시계획의 역사적 회귀의 교훈

1930년대 독일에서는 도시계획의 목표를 주거단지에 초점을 맞춘 산업사회 조성에 두고 대규모 주거단지를 건설하게 되었다. 2차 대전 이후 주거의 기능적 측면을 중요시하고 세대수 확보를 위한 양적 팽창계획에 초점이 맞추어지

알톤 주거단지 원경
(1959, 런던/영국)

르 꼬르 뷔제 유니테를 닮은
알톤 주거단지
(1959, 런던/영국)

가로형으로 재건축된 릴링턴 스트리트 주거단지 (1972, 런던/영국)

가로와의 원활한 관계를 위한
단지 가로변 이중 보행로
릴링턴 주거단지
(1972, 런던/영국)

주변과의 조화를 위하여 교회와
동일한 붉은 벽돌로 지어진
릴링턴 주거단지
(1972, 런던/영국)

면서 판상형 주동이 평행 배치된 고층 아파트 단지가 출현하게 되었다. 이것은 도시공간의 가로체계를 중시하는 전통적 방식과는 전혀 이질적인 것이었다.

1960년 이후 새로운 세대의 건축가들은 근대건축에서 확립된 규범적 원리들을 벗어나려고 노력하였다. 이를테면, 근대 건축가들에게는 금지되었던 전통적 형태와 장식을 사용하기 시작하였다. 평범하고 진부한 토착적인 디자인 요소들을 채용하는 등 선별적이기보다는 포괄적 태도를 취하게 되었다.

주변 가로와 대지와도 분리된 르 꼬르 뷔제 방식의 고층형 주택 이미지에 커다란 방향 전환이 일어나게 된 것이다. 근대식 단지형 아파트에서 사라진 이웃 간의 유대관계 회복과 동시에 지역의 특성을 살릴 수 있는 가로 중정형으로의 회귀 현상이 나타나기 시작했는데 가장 성공적인 사례 중 하나가 런던의 릴링턴 스트리트(Lillington Street, Pimlico, 1972) 주거단지라고 할 수 있다.

다본과 다크(Darbourne and Darke)에 의해 계획된 이 가로형 단지는 웨스트민스터 구의 설계 공모(1961)로 이루어졌다. 붉은 벽돌로 지어진 인근의 제임스 교회(1861)와의 조화를 고려하여 고밀 개발이지만 외관은 벽돌로 장식되어 있으며 현재 약 2,000명이 거주하고 있다.

90명의 노인을 위한 쉼터와 2개의 진료소 그리고 3개의 대중 술집 10곳의 상점, 커뮤니티 홀, 공공 도서관 등 많은 부속 시설이 계획되었다. 60%라는 낮은 주차장 비율 계획이 단지 전체의 고밀화를 가능하게 해주었고, 각 세대 규모는 당시 기준인 파커 모리스의 기준보다 작지만 집마다 큰 발코니를 가질 수 있도록 계획함으로써 각 세대별 개성있는 주거공간을 만들 수 있도록 배려하고 있다.

이 가로형 단지의 성과는 이후 10년 동안 영국의 공공주택에 커다란 영향을 미치게 되며, 이 단지는 영국 유산(English Heritage) 건축물로 등록되어 있다.■주52■

주변 가로와의 친밀한 접근성이 뛰어난 또 하나의 도시 가로형 아파트 사례로 오담스 워크(Odham's Walk, London, 1979)를 들 수 있다. 코벤트 가든의 중심부에 위치한 이 단지는 480명/ha의 밀도로 102가구로 구성되어 있다. 주동은 메인 스트리트에 접한 점포를 갖고 있으며, 도로를 따라 배치함으로써 인근의 기존 커뮤니티 생활을 보다 활성화하는데 기여하고 있다. 단지 구획의 내부는 주변의 보행자 도로와 작은 광장이 이어져 오래된 골목길의 네트워크와 연계될 수 있도록 계획되어 있다. 단지 구내를 통과하는 산책로 곳곳에는 상점, 진료소, 작은 사무실이 있고, 위층에는 짧은 복도와 넓은 발코니를 가진 각 세대로 접근하는 계단이 있다.

가로형 주거단지
오담스 워크 중정
(1979, 런던/영국)

가로형 주거단지 오담스워크
(1979, 런던/영국)

중정에서 진입하는 출입구_
Gregotti
(IBA 베를린/독일)

가로와 곧바로 연결되어 인접한 중정 Peripheral block_Gregotti (IBA 베를린/독일)

1980년대에 들어서는 다시 유형학적 접근과 맥락주의적 접근 방법으로 대표되는 도시공간 구성이론이 등장하게 되면서 단지형 공동주택이 지어지던 경향은 산업화 이전의 광장, 가로, 연속된 벽면 등을 중요하게 다루는 도시구조를 재생시키는 경향으로 바뀌게 되었다.

도시주택의 계획에 있어서 이러한 역사적 회귀 현상이 폭넓게 나타난 것은 1987년 베를린에서 개최된 '국제건축전(IBA: International Bauhaus tellung)'이 계기가 되었으며 전 세계적으로 도시재생에 커다란 영향을 미쳤다. 건축이 갖는 형태를 기존 도시의 물리적 맥락에 순응시키는 것을 기본으로 했으며, 도시구조는 영속적인 것이고 그 구조 내에서 건축의 외관은 다양하게 변화할 수 있다는 개념을 적용하였다.

민간주택 건설기업들이 도시설계의 새로운 질서에 수립된 주거정책에 대해서 기본적 신뢰하지 못하고 있는 상황에서 도시정책을 집행하던 기존의 시정부 기관과는 다른 도시설계의 새로운 질서 수립을 위한 특별한 기관 설립의 필요성이 제기되었다.■주53■ 도시설계의 새로운 질서는 새로운 신뢰 아래서만 형성될 수 있다는 믿음이 'IBA Berlin' 탄생의 배경이 되었다.

요셉 파울 크라이흐스(Josef Paul Kleifues)가 코디네이터를 맡아, 여러나라의 건축가를 초청해 세계적인 도시주거 재생의 성공사례를 창출■주54■하게 된 것이다. 여기서 주된 개념 중 하나가 구 베를린을 구성하고 있는 가로형 공동주택 형식을 복구시키는 개념의 마스터플랜을 기본으로 하고 있다는 점이다.

그중에서 알도 로시(Aldo Rosi)의 계획안은 엄격한 도시 베를린의 블록 그리드 건축을 따르기보다는 블록의 코너를 강조한 새로운 기준을 제시하였다.

적어도 서구의 도시들은 근대 이후 가로와 단절된 고층 단지형으로 지어지던 관행이 멈추고 가로형으로 회귀하는 현상을 보임으로써 도시재생에 있어서 도시주거의 공적 기능과 역할을 회복하고 있음을 확인할 수 있다.

코너형_알도로시
(IBA 베를린/독일)

티에르가르텐 지구
(IBA 베를린/독일)

빌라형 (IBA 베를린/독일)
—
이 전시회는 세 부분으로 구성되었는데 도시의 부활, 전쟁 동안 파괴되었던 프리드리히가(Frider-ichstadt)남쪽지역의 '재건축', 그리고 티에르가르텐(Tiergarten)지역의 '도시 수선'이었다. 클라우스(J.P.Kleihues)는 단일 프로젝트보다 도시계획에 집중하였고 그는 당시 주류를 이루고 있던 포스트 모던적 경향보다는 비판적인 재건축에 의한 방법으로 역사적 도시의 면모를 되찾고자 노력 하였다.

담장 밖 공간과 관계 맺기

주변 가로와 통합하기

공동체의식 고취를 위한 흥미로운 통합

공동주택으로서의 아파트는 공동체의 유대를 이끄는 인자이기 때문에 문화와 경제적 활기의 근본을 이룬다. 따라서 질적으로 쾌적한 아파트 없이 참된 사회적 발전이란 있을 수 없다. 도시 아파트 계획안에 따라 공동체의식을 고취시키기도 하고 어떤 경우에는 저하시키기도 했다는 측면에서 영국에서는 지난날의 최고 혹은 최악의 아파트 결과에 대해 전문가들이 어떤 책임을 져야 한다[주55]는 여론이 형성된 적이 있다.

그만큼 아파트 주거에 있어서 공동체의식이 중요하며 이를 고취하기 위해서는 주변 지역과의 연계 통합이 필수적인 요소로 작용함을 알 수 있다.

도시공간조직에 대하여 폐쇄적인 주거환경으로 조성된 대규모의 아파트 단지가 주변 가로의 활력을 떨어뜨리는 경우가 많아 공공가로와 연계성을 갖는 것이 점점 중요해지고 있다.

베를린 중심가 가로형 주택단지
(IBA 베를린/독일)

티에르가르텐 지구 가로와 연결된 단지 중정(IBA 베를린/독일)

아파트 개발은 주변 지역과 연결되거나 때로는 겹쳐서 이루어짐으로써 기존의 도시구조와 자연스러운 통합이 이루어져야 한다. 이를 위해서는 접근성이 좋고, 안전하며, 친환경적이면서도 흥미로운 장소로 가꾸어나가는 것을 목표로 하여야 한다. 따라서 아파트는 주변의 가로와 공개 공지 등 개별적인 도시 구조적 요소와 다양한 영역적 연계가 이루어져야 한다.

다양한 공적/사적 영역 설정과 비완결적 단지구성의 의미

개발 구획과 관련하여 아파트를 건설하면서 가장 기본적으로 필요한 것은 공적 성격의 입면부와 사적 영역 간의 명확한 구분이다. 가로, 광장, 공원 등을 접하게 되는 아파트 건물의 전면부는 외부공간에 노출되어 외부공간에 활기를 불어넣는 역할을 해야 하기 때문이다.

공적 성격의 입면부과 사적 영역 간의 명확한 구분은 출입구가 주된 정면부 역할을 하는 경우 명확해진다. 이러한 경우, 아파트 건물은 벽면을 거리에 노출시키거나 폐쇄적인 입장을 취함으로써 외부 도시공간조직과의 단절을 유발하게 되는 것이 문제가 된다.

하나의 예로서 아파트에 있어서 주거동 건물, 그리고 개별세대로의 영역적 전개가 공(公)-공(共)-사(私)적 공간으로 이어지는 것이 일반적이지만 일본

가로형 단지외관_올림픽 빌리지
(1990, 바르셀로나/스페인)

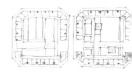

가로형 단지 평면도
_올림픽 빌리지
(1990, 바르셀로나/스페인)

가로형 단지 중정_올림픽 빌리지
(1990, 바르셀로나/스페인)

호타 쿠보 주거단지
(1991, 구마모토/일본)

가로와 다양한 영역적 연계를 보여주는 개방형_다이칸야마단지 (1969~1998, 도쿄/일본)

개방형 저층세대거실
_타마주거단지 (도쿄/일본)

다이칸 야마 전경
(1969~1998, 도쿄/일본)

공사영역연계가 유연한 비완결적
아파트 출입구 디자인
(구마모토 /일본)

구마모토의 호타쿠보 주거단지(1991) 경우는 공(公)-사(私)-공(共)의 영역적 구성을 전개하는 변화를 보인다.

일반적으로 영역의 마지막 단계에 해당하는 사(私)적영역인 주호공간이 여기서는 공(公)공영역과 공(共)용공간 양방으로 접속할 수 있게 함으로써 아파트의 공동체 시설로의 접근을 선택할 수 있게 하고 있다.

즉, 공용공간(중정)은 개별세대에서만 접근할 수 있도록 함으로써, 가능한 공간의 영역성과 그 이용공간을 명확히 하여 안정성과 귀속감을 높이고 있음을 볼 수 있다. 즉, 분리와 개방을 조정함에 따라 아파트 계획에 있어 다중의 관계성을 설정하는 새로운 패러다임을 제시한 것으로 볼 수 있다.

도시가로의 활성화는 기본적으로 도시구조의 문제라고 할 수 있다. 그것은 도시 지역의 경관을 구성하는 개발 지역의 블록, 거리, 건물, 공개 공지, 조경의 패턴이나 배치 등의 요소에 따라 좌우될 수 있다. 도시구조는 도시를 구성하는 요소들의 세부적인 디자인에 관한 기본 토대를 제공하며 주변 지역과의 통합, 도시의 한 구성요소로서 기능적 효율성, 친환경적 조화, 지역적 특성을 강화할 수 있는 장소의 이미지, 그리고 시장 현실에 부응할 수 있는 상업적 가능성 등이 고려되어야 한다.■주56■

언제부터인가 단지 공간과 도시 공공 공간의 연계는 가로공간의 활성화에 기여한다는 점을 인식하기 시작하였으나 아직은 경제성 우선의 논리에 밀리고 있는 것이 현실이다.

이제 아파트 주거공간은 자기 완결적이고 자체 완성도가 높은 폐쇄적 공간의 구축에서 벗어날 필요가 있다. 점진적인 사회 구조의 변화를 수용하고 그에 대응하는 주거 문화를 담아낼 수 있는 비완결적인 단지의 구성수법이 요구된다.■주57■

가로변과 연계하기

가로형 아파트의 의의

가로형 주거는 도시형 주택디자인 수법의 하나로서 고층 주택단지형과는 대비적인 의미를 지닌다. 무엇보다 고밀이면서도 인간적인 아파트 주거의 실현

가로형 아파트 중정 (베른/스위스)

가로형 도시주거
(베른/스위스)

가로형 도시주거 전경
(베른/스위스)

방안이라는 점에서 그 의의를 찾을 수 있다.

가로공간은 더 이상 보도와 같은 단순한 기능적 연결고리가 아니라 전통적인 가로 기능인 경관이나 만남, 정보교환, 친교 등 사회적 활동이 가능한 도시의 기본적 공간임을 인식할 필요가 있다. 주거동의 저층부는 다양한 옵션 도입을 위한 유연한 기반을 제공할 수 있으며 가로와 건축물이 만들어내는 일련의 주서환경을 위해 필수적인 외부공간으로 인식하여야 한다.

아파트는 단지의 내적 완결성을 목표로 할 경우 그 기능을 발휘하는 것이 원천적으로 불가능하며, 주거지로의 단지개발로 인하여 단절되었던 가로의 사회적 기능을 회복할 수 있는 유형 중 하나가 가로 연도형 공동주택이라고 할 수 있다.

초고층 아파트 단지의 대안으로서 가로형 주택

가로형 아파트는 교외형 주택에 대한 도시형 주택의 설계 방법으로서의 가능성과 무엇보다 초고층 주택의 대안으로서 고밀도이면서도 휴먼스케일의 거주지 만들 수 있다는 데 의의가 있다. 최근 서구 도시의 가로형 주택을 살펴보면 1ha 전후의 면적에 5층 정도의 층수로서 200% 정도의 용적률을 실현하

가로형 아파트 1층 가로의 사우나
(2005, 암스테르담 /네덜란드)

1층 가로의 유치원
(2005, 암스테르담 /네덜란드)

1층에 공공도서관,유치원,사우나등 공공시설을 둔 가로형 중층고밀 단지 롭 크리에
(2005, 암스테르담 /네덜란드)

고 있음■주58■을 볼 수 있다.

무엇보다도 가로 연도형은 역사적으로 유럽 도시들이 고밀도화되어 가는 과
정에서 거주성을 담보할 수 있는 방법으로 정착된 형식이라 할 수 있다. 도시
발달 과정을 통하여 사적공간으로서의 아파트 주거공간과 공적공간으로서의
도시가로와의 관계를 성공적으로 관계 지을 수 있는 주거형식으로 검증된 것
이 바로 가로형 주택이라 할 수 있다.

그리고 가로를 형성하는 아파트는 사방이 가로에 연접하여 연속적으로 주동
이 늘어서게 됨에 따라 가로와 주택이 밀접하게 결합하여 도시적인 공간과
가로 풍경을 함께 구성할 수 있다는 장점이 있다.

또한 주동의 뒷면에는 집약된 정원을 중정으로 갖게 되어 가로 쪽의 활기에
비추어 차분한 녹색공간의 커뮤니티를 가질 수 있다는 장점도 있다.

나아가 주동의 앞면과 뒷면의 저층부는 가로의 산책로를 따라 점포 등 도시
적 편의시설과 문화공간으로 즐길 수 있는 시설을 둘 수 있어 도시공간의 활
기를 연출할 수 있다. 무엇보다도 가로공간은 도시 기반시설로서 교통 및 여
러 가지 공급과 처리가 가능하고 넓은 의미의 커뮤니케이션이 가능하다는 점
등을 잠재적인 장점으로 생각할 수 있다.

국내 주거전문 설계자가 생각하는 탑상형과 가로형 장단점

	고층 탑상 형	중층 가로 형
단점	• 도시공간조직 파괴 • 가로와 단절 활력 저해 • 경관의 단조로움 • 돌출경관 등 경관 파괴 • 주호공간 환경적 문제 • 자원, 비친화적 환경 • 풍압 등 옥외 환경문제 • 재난 시 대처의 어려움 • 출입 및 심리적 부담	• 일조 환경 확보 어려움 • 인동간격 확보 어려움 • 남향세대 확보 어려움 • 동 길이 심의 규제받음 • 단지 내 조경공간 확보 불리 • 개별성 확보 상대적 불리 • 소음 등 거주성 보장 어려움 • 중정 프라이버시에 취약함
장점	• 주변과의 차별화된 랜드마크적 특성 • 시각 회랑 확보가 용이 • 경관 매력 높은 인지도 • 상대적 외관의 세련됨 • 외부 공간 양호한 조경 • 주동 간 사생활보호 유리 • 주호에서 조망성 우수	• 생활가로 형성이 가능한 수법 • 가로변 편리성 문화시설 수용 • 시대적 대응성 도시기반 형성 • 보다 양호한 보행 가로형성 • 가로 표면과 이면 중정 연출 • 맞통풍 용이한 주호계획 • 중층고밀 인간적인 주거환경 • 중정이라는 반공적 공간 확보 • 중정 커뮤니티 활성 가능

사회적 기능회복을 위한 가로형 아파트 실험의 교훈
일본 마쿠하리 베이타운 1995년

1995년에 준공한 마쿠하리 베이타운은 일본에 서구도시의 전통적 형식인 가로 중정형을 건립한 것으로, 주택이 만드는 가로가 도시경관을 어떻게 형성할 것인가에 관한 실험적인 개발사업이다. 도쿄에서 동쪽으로 약 25킬로미터에 위치한 마쿠하리(幕張) 신도시는 국제업무도시로 계획되어 업무 기능, 연구 개발 기능을 비롯해 이를 지원하는 주거지로 구성되어 있다.

가로형 주거단지 마쿠하리
(도쿄/일본)

주요 가로에 면한 1층은 반드시 은행 혹은 레스토랑 등 비주거시설 배치를 원칙으로 정하는 등 사업계획 조정위원의 디자인 가이드라인과 디자인 회의에서 결정된 설계지침을 따르는 방식으로 이루어졌다. ■주59■

"단지를 만드는 것이 아니라 마을을 만든다"는 개념에서 출발한 마쿠하리 주택지의 디자인 가이드라인은 "첫째, 기존의 거리에 적응 가능한 열린 거리를

마쿠하리 주거단지 중정
(도쿄/일본)

가로형 주거단지 가로변 회랑 (도쿄/일본)

가로형 주거단지 마쿠하리
(도쿄/일본)

가로형 주거단지 마쿠하리
(도쿄/일본)

지향하고, 둘째, 가로와의 연계성을 중시하여 생활의 리듬을 복원시키는 건축형식을 가지며, 셋째, 주거 기능만이 아닌 여러 기능이 복합화된 마을만들기를 지향한다"로 설정하였다.■주60■

중정의 사용 지침은 반공적 공용공간으로 개방하는 것으로 되어 있으나 준공 후에는 안전성 측면에서 대체로 안뜰을 외부에 개방을 하지 않는 경우가 대부분이다.

실제 중정의 활용도를 살펴보면 중정 대부분이 기계식 주차장으로 채워지거나 어린이 놀이터 혹은 통과 보행로 이용되기도 하였다.■주61■

마쿠하리의 주거단지는 아파트 단지의 폐쇄성에서 벗어나, 도시가로를 활성화하고 공공 공간의 이용을 확대하여 사람들을 거리와 도시공간으로 나올 수 있도록 계획하였다. 이를 위하여 가로에 면하도록 주택을 배치하였고 그 후면에는 중정을 두는 블록형 아파트를 기본으로 하였으며 독일 베를린의 국제건축전(IBA, Interna-tionale Bauausstellung)을 참조했다고 한다.

'가로 만들기'를 목표로 자기주장이 강한 건축가와 도시설계 전문가들이 함께 참여하였지만, 컨트롤 타워 역할을 할 수 있는 디자인 룰을 따르도록 하는 시스템을 둠으로써 원활하게 진행이 되었다고 한다.

결과는 세밀하고 구체적인 디자인 가이드라인에 따라 가로환경과 주거동 형태는 일체감을 획득한 것으로 평가되고 있다.

가로형 아파트 실현을 위한 전제

가로형 아파트는 생활가로 형성이 가능하여 인간적인 주거환경을 조성하는 중층고밀 계획이 가능하다는 측면과 중정이라는 반공적 공간의 확보가 가능한 것이 특징이다. 가로의 표면 연출과 이면의 중정을 확보할 수 있고, 고층

은평뉴타운 1지구 가로형 주거 (은평구/서울)

가로형 등 다양한 유형 개발이 어려운 이유(주거전문 설계자의 의견)

이유구분	이유별 세부 내용
단지와 주호 중심의 삶을 우선하는 의식 때문	베이를 중시, 재산가치로 인식 때문
	거주민들이 주동 수는 최소, 오픈스페이스는 최대 확보 선호하기 때문
	주변 가로와의 연계성 보다는 단지중심, 주민들의 주호 내 삶을 우선시하는 의식 때문
가로연계형으로 계획할 경우 개별 주호 성능보장이 어려울 것	일조, 프라이버시, 통풍관련 거주성 보장 어렵고, 통경 축 선호하기 때문
	가로 연계형으로 건립된 공동주택은 조망, 매연, 소음 등 개별주호의 주거환경 성 능보장이 어려울 것임
	코너세대의 영구 음영 발생 문제
도시 역사 문화적 인식의 차이 때문	가로형 주택은 유럽 가로 중심의 도시구조와 문화에 기인한 것이기 때문에 적용에 한계 있음
	한국도시는 Street중심이 아님. 공동주택에 가로 연계성을 요구하는 것은 무리
법과 제도 때문	사전 도시계획, 지구단위계획에서 필지계획을 가로 연계가 어렵게 결정되어 있기 때문
	정책과 제도상에 있어서 단지형을 유도하는 경향
	실효성 없는 인센티브 때문

〈 참조: 우동주, '공동주택의 가로 연계 및 주동유형 다양화 방향성 고찰' 대한건축학회논문집 2013〉

탑상형에 비하여 양호한 시가지 형성이 가능하다는 점이 장점이다. 또한 용도가 혼합된 시가지 조성을 가능하게 함으로써 가로의 차이, 디테일의 차이, 공간 이용형태, 토지건물 이용형태의 차이를 나타내기가 용이해 지역적 특성(Identity)을 유지하는 데 효과적이다. ■주62■

가로 면을 따라 늘어선 연속적인 입면선은 거리나 광장에 긍정적인 가로 표정을 제공하며, 거리의 생명력에 도움을 줄 수 있는 유형으로 인식되고 있다. 문제는 위의 표에서 볼 수 있듯이 현실적으로 가로에 연접한 저층형으로 설계하기 위해서는 극복해야 할 사항들이 적지 않다. 특히 분양했을 경우 비주거 용도는 단기적으로는 사업성이 없어 개발이 쉽지 않다는 점이다. 또한 인접한 가로로부터의 소음과 매연 등으로 거주성을 보장할 수 없으며, 배치상 남향 주호 비율이 낮아 주민의 관점에서 볼 때 일조에 불리할 뿐만 아니라 조망이 좋지 못하다는 점이다. 특히 중정공간은 프라이버시와 소음에 취약할 수 있음이 현실적으로 풀어야 할 과제이다.

따라서 성공적인 가로형 개발을 위해서는 아래표에서 볼 수 있듯이 소음과 매연에 대응할 수 있도록 도로로부터의 이격거리가 필요하다. 또한 남향 세대를 최대한 확보하기 위해 남향이 아닌 부분에 대해서는 공용시설을 배치하거나 가로변 시설의 용도 복합화 등이 필요하다. 또한 경관상 폐쇄감 극복을 위한 접지층의 개방과 프라이버시 확보와 동시에 커뮤니티 활성화를 도모할 수 있는 중정설계가 필요하다. 그리고 재건축을 고려한 주동 분할 설계 등 유지관리 등의 문제를 면밀하게 고려하는 것이 설계의 전제 조건이라 할 수 있다.

가로형 개발을 위한 설계 방안

분 류	가로형 개발을 위한 설계 방안
환경적 측면과 방재	소음과 매연 극복위해 차도와의 이격 및 충분한 보행로 폭의 확보
	재난 발생 대처가 용이한 주동유형 설계
	맞통풍형 주호공간으로의 설계
향과 조망, 재건축 관련 사항	가로 경관상 폐쇄감 극복을 위한 접지층 개방설계
	비남향 공용시설배치 및 남향주호 최대 확보를 위한 설계
	재건축 용이성을 위해 분할 건립 가능하도록 주동 부분적 분리 설계
가로경관 및 맥락의 활성화	코너형 등 가로 경관상 차별화 된 입면설계
	접지층 편리성 문화성 갖춘 생활가로화를 위한 복합용도 및 설계
	입면디자인의 층부별 차별화 설계
	피로티 출입구의 창의적 설계
중정설계	가로연출과 중정확보 의한 복합용도로의 설계
	프라이버시 확보 및 소음 대응형 중정설계
	커뮤니티 활성화를 도모할 수 있는 중정으로의 용이한 접근성 설계

〈 참조: 우동주, 탑상형과 연도형 배치비교를 통한 가로형 공동주택 설계방안'연합논문집 2010〉

가로형 중층 주거 (코펜하겐/덴마크)

주거단지 내에 비주거시설을 도입하는 것은 그곳이 중심이냐, 외곽이냐에 따라서 크게 달라진다. 다양한 비주거시설이 매력을 느끼기 힘든 대형 주거단지의 경우, 가로변에 상업시설 혹은 공용시설 등이 위치할 수 있도록 배려할 필요가 있다.

결국 가로형 개발이 가능하기 위해서는 용적률 중심의 양적 개발방식에 대한 주거의식이 바뀌어 시장 중심적 사고가 희석되었을 때 비로소 엄두를 낼 수 있을 것으로 판단된다.

따라서 현재로서는 민간 발주가 아닌 공공 발주이면서 상대적으로 용적률 확보가 비교적 용이한 준주거지역에서는 시도해 볼 만하다고 판단된다.

특히 가로형으로의 개발을 위해서는 현재 평면 계획상 전면폭이 넓은 3베이나 4베이가 아닌 평면 세장비 조절에 의한 폭이 좁은 평면형이 적용되어야 한다.

아울러 아래의 표에서 와 같이 법규 및 심의 기준의 조절이 뒷받침되어야 한다.

가로형 개발 유도를 위한 법규 및 심의기준의 개정방안

분 류	법규 및 심의기준의 개정방안
법규의 개선	주동 이격거리 비현실적 규준의 개선
	지역적 특성에 따라 재개발법 유연한 적용
	지구단위지침에 의한 블록개발
	대단지 건립 시 의무비율 적용의 법적규제
심의기준 개정	4호 이상 주호 연립규제 건축심의기준 개정
	단지 내 시각회랑확보 규정 완화
	ㅁ, ㄷ자 혹은 ㄱ자 직각배치 규제 완화
	주동 한 면 길이 60m 길이제한 완화
	가로 연도형 채용에 인센티브 부여

〈 참조: 우동주, '탑상형과 연도형 배치비교를 통한 가로형 공동주택설계방안'지회연합논문집 201〉

주거에 대한 요구와
주거의식 문제

The need and
awareness of housing **5**

주거에 대한 요구와 의식의 특성

주거에 대한 요구와 의식 변화에 대한 대응

인구감소와 고령화 등 도시 사회적 변화에 따라 주거에 대한 요구와 의식에 많은 변화가 일어나고 있다.

할아버지와 할머니는 가족에서 제외된지 오래다. 1인가족, 동거가족, 한부모가족, 재혼가족, 자발적 무자녀가족, 공동체가족, 동성애가족, 다문화가족 등 가족에 대한 개념도 다변화되었다.

경제성에 치우쳐 부동산 가치로만 평가하는 왜곡된 주거의식은 지속가능한 아파트 주거환경 조성을 어렵게 만들고 있다.

1인가구의 증가 및 가족 유형의 다양화는 거주방식의 다양화와 직주 일치 등 개별 맞춤형 공간 요구를 증대시키고 있다

처음부터 개별세대와 개별단지만을 중시하면서 도시 형태를 무시할 수 있었던 것은 사회적 구소 때문이기노 하나.

한국의 아파트는 한국의 정치·경제·사회·문화적 맥락에서 접근하지 않으면 해결될 수 없는 문제라는 얘기다.

그만큼 복합적인 문제이고 그래서 해결책 마련이 어렵다.

주거에 대한 요구와 의식의 특성

주거에 대한 요구변화의 특성

인구감소와 1인가구의 증가

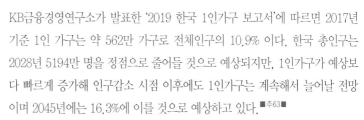

1970년대 아파트와 생활문화의
관계를 엿볼 수 있는 모습.
현대자동차 사옥 아파트 마당
(울산)

KB금융경영연구소가 발표한 '2019 한국 1인가구 보고서'에 따르면 2017년 기준 1인 가구는 약 562만 가구로 전체인구의 10.9% 이다. 한국 총인구는 2028년 5194만 명을 정점으로 줄어들 것으로 예상되지만, 1인가구가 예상보다 빠르게 증가해 인구감소 시점 이후에도 1인가구는 계속해서 늘어날 전망이며 2045년에는 16.3%에 이를 것으로 예상하고 있다. ■주63■

또한 결혼 의향이 없는 1인가구 중 계속해서 10년 이상 혼자 살 것이라고 밝힌 가구 비율이 이전보다 높아진 것으로 나타났다.

따라서 1인가구의 생활 행태가 사회·경제 전반에 미치는 영향도 지속적으로 커질 것으로 보인다.

이러한 인구감소 현상이 지역개발 계획에도 최대변수로 부상하고 있다. 국토부는 인구감소 현상을 국토종합 계획은 물론 시·군 단위 도시 및 지역개발 계획수립에도 반영할 것을 주문하고 있다.

도시 사회적 변화에 따른 인구구조의 변화로 1~2인 가구에 맞는 주거시설이 요구되고 있으며, 아파트와 비슷한 형태의 도시형 생활주택과 오피스텔 그리고 연립이나 다세대 주택을 고친 소형 임대주택 등도 최근 잇따라 공급되고 있음을 볼 수 있다.

가족 개념과 주거에 대한 요구 변화

가족이란 '주택이라는 공간에서 함께 살아가면서 생활기능을 공유하는 집단'으로 정의할 수 있다. 그러나 이러한 기존의 가족 개념은 사라져 가고 있다. 이러한 추세가 계속될 것인지? 아니면 회귀할 것인지? 예측이 어려운 상황이다. 따라서 '가족이 무엇인가?'를 규명하기보다는 '무엇을 가족으로 볼 것인가?'에 대해 진지하게 생각해야 할 시점에 와 있다.

개별화된 가족 1인가족, 동거가족, 한부모가족, 재혼가족, 자발적 무자녀가족, 공동체가족, 동성애가족, 다문화가족 등의 가족 개념의 변화는 다양한 생활방식을 보여줄 것으로 예상된다.

또한 고령화 사회가 진행되면서 가족 구성원들 간의 결속력이 약화됨에 따라 노인 문제가 더욱 부각될 것이 예상된다. 아울러 이러한 가족 개념의 변화는 원래의 가족 모델을 대상으로 한 nLDK형 평면에 대해서도 근본적인 변화가 요구될 것이다.

최근 베이비붐 세대(1955~1963년생)의 은퇴로 녹지가 풍부한 도심 인근 타운하우스를 찾는 수요도 늘고 있다. 도시재생사업이 강조되면서, 기존 낡은 동네를 허물어 아파트를 짓는 대신 마을 공동체 본연의 모습을 유지하면서 삶의 질을 높일 수 있는 주거시설에 대한 관심도 커지고 있다.

할아버지와 할머니가 가족으로 인식되던 시기 가족의 모습 (1960년 출판 초등교과서)

이웃나라 일본의 인구는 2010년 2억 2806만 명에서 장기 인구소멸 과정으로 들어가서 장래추산인구는 2030년에는 1억 1662만 명을 경과하여, 2060년에는 8647만 명 정도로 예상하고 있다. 주택수요에 관계된 세대수는 2019년에 절정을 이루고 서서히 감소하는 것으로 예상하고 있다.

세대감소는 소멸세대의 증가가 주요인이 되기 때문에 2025년경에는 신축주택 착공도 크게 감소할 것으로 예측하고 있다.

따라서 곤궁한 저소득자에게는 국가가 생활보장 차원에서 주택을 지원해주어야 하지만, 일반세대의 경우도 가능한 저렴한 가격으로 양질의 주택을 취득할 수 있도록 해주는 것이 주택정책의 기본적인 방향이 되고 있다.

양적 개발의 시대에는 건설투자 규모와 경제파급 효과가 커서 경제를 좌우하는 영향력을 갖고 있기 때문에, 국가 차원에서 시장경제 논리에 따라 신규건설 촉진을 통하여 경제성장을 이끌게 되는 것을 정책적으로 지원해왔다. 그러나 인구감소로 인해 주택이 남아돌아 취득 및 이전이 용이해지는 시대가 도래하게 되면 주택을 보는 관점도 전과는 달라질 것이다. 도시주택은 사회적 재원으로 인식할 필요가 있으며, 공적 재원으로서 민간이 아닌 공공이 관리할 수 있는 정책을 마련하여야 한다.

1980년대 판상형 주공아파트 전면
—
부엌에서 다용도실로의 출입문을 떼서 베란다 칸막이로 설치한 모습
(주 요구를 포착하기 위해서는 면밀한 조사가 이루어져야 함을 보여줌)

주거에 대한 의식의 변화

고령화 문제와 도시주거

우리나라의 고령화 현상은 어느 선진국보다도 빠르게 진행되고 있다. 65세 이상 인구의 비율이 총인구의 7% 이상인 경우를 고령화 사회, 14% 이상을 고령사회, 20% 이상을 초고령사회[주64]라고 한다. 2018년 통계조사에 의하면 우리나라 65세 이상 노인인구 비율은 14.3%로 고령사회로 진입하고 있음을 볼 수 있다. 한편, 노인들의 인식도 변하고 있으며, 수명의 연장, 교육 수준의 증가 등으로 경제활동을 하는 연령이 높아졌다. 또한 사회활동에 대한 참여 욕구가 높고, 자녀에 의존하기보다는 독립된 생활을 누리려는 적극적인 노인층이 증가하면서 여가활동이나 주거, 의료, 건강 등에 대한 노인의 수요가 증가하고 있다.

일본은 2004년 당시 65세 이상 인구점유율이 20% 육박하는 초고령사회를 맞이하였다. 이러한 수요에 부응하여 1980년대 후반부터 고령자만의 세대가 모여 사는 '노인주택'을 만들어 지원하는 구조가 제도적으로 마련되어 있다. 국토 교통성과 후생노동성이 협력하여 추진해온 실버하우징(SH)과 고령자의 안정적인 주거확보에 관한 법률에 따라 제도화된 노인우량 임대주택이 그 대표적인 예이다.

여기에는 일상적인 생활 상담과 응급처치 등의 생활지원 서비스가 제공되고 단란실 등 공용공간이 마련되어 있다. 2003년 당시 실버하우스 634단지, 17,409세대와 고령자 임대주택 195개소, 5,005호가 건설 공급되었다.[주65]

특히 병원과 복합화된 고령자주택이 관심을 끌고 있는데 사례로는 고령자용 우량 임대주택인 '비바스(ビバーズ日進町 2005)'라는 것이 있다.

가와사키시 주택공사와 민간병원에 의한 마을 협동 사업에 의해 2005년에 탄생하였는데 85병상을 포함한 민간병원과 노인우량 임대주택 55호, 일반용 임대주택 10채의 복합건물이다. 병원은 1~3층에, 주택은 5~11층에 있으며, 중간층에 해당하는 4층은 두 기능의 연계와 융합을 위한 공간이다. 상담원 등 주된 서비스는 주택공사가 비영리법인체(NPO)에 위탁하여 운영하고 있다.[주66]

일본전통식 개별세대 실내마감
타마지구 아파트(도쿄/일본)

최근 쾌적한 주거생활에 대한 요구도 점점 증대되고 있다. 이러한 사항은 세계적으로 보편적인 현상이다. 식량이나 물처럼 인간에게 기본적인 요소로서, 공중위생, 가정적 안정, 건강을 위한 실내 공기 청정도에 대한 관심도 커지고 있다.

청소년 문제와 도시주거

한때 영국에서는 16~26세의 젊은 노숙자들이 급속히 증가한 적이 있었다. 1995년 노숙자를 위한 운동 단체(Campaign for Homeless and Lootless, CHAR)의 조사에 의하면 영국에 20~30만 명의 젊은 노숙자들이 있었던 것으로 추정하고 있는데 이것은 특히 1980년대 취업이 어려웠던 젊은이들이 살 집을 구하지 못해 일어난 현상으로, 도시 사회적 현상이 주택문제와 직결되는 경우를 보여 주는 대표적인 예라고 할 수 있다.

1990년대 젊은이를 위한 주택 계획에서 가장 중요한 것은 포이어 운동(Foyer Movement)으로, 이 아이디어는 18~25세의 청소년에게 숙박 시설, 다양한 교육 직업 소개 서비스를 제공하는 것이다. 대부분 도시와 큰 마을에 있으며, 대중교통이 가까이에 위치하고 있으며, 1997년 중반까지 2,500호가 지어졌다. 체류 기간은 평균 12개월이며, 임대료가 저렴하고, 보조금은 카페와 레스토랑, 피트니스 시설 등의 수입으로 충당되었으며, 에너지 절약형 청소년주택(스완 지 호이어 Swansea foyer 등)과 학생용주택 등 다양한 주거 형태가 개발되었다.■주67■

위의 사안들은 도시 사회적 변화에 따른 고령화와 청소년 문제는 곧 도시주거 문제와 직결됨을 보여 주는 사례라고 할 수 있다.

우리나라 경우는 현재 지방도시보다는 상대적으로 청년이 집중되어 있는 수도권을 중심으로 청년주택에 관한 공급이 시작되고 있다. 역세권에 위치한 기존주택을 매입하여 기숙사형 청년주택으로 개조하여 저렴하게 공급하는 주택사업을 추진하고 있다.

경제성과 부동산 가치로만 평가하는 왜곡된 주거의식 문제

그동안 우리는 경제성을 우선한 물량 중심의 대량공급을 해옴으로써 대단지를 선호하는 의식이 고착화 되었다. 따라서 대단지 개발을 종용하게 됨으로써 공급자 및 단지 주민의 최대이윤을 우선하는 것이 관행화되었다. 그 결과 도시 아파트가 지닌 기본적인 속성 중의 하나인 도시공간에서의 공공성과 이웃관계를 소홀히 생각하는 풍조까지 낳게 되었다.

주택은 인간의 중요한 생활기반으로서 사회적 저변을 지원하는 역할을 하고 있음으로, 사회적인 공적 자본으로 인식하여야 한다. 그러므로 공익성을 높이는 것이 중요하다. 또한 주택을 공동으로 집합시켜 공공가로의 일부를 구성함으로써 사회와 관계를 맺는다는 점■주68■에서 아파트는 공공성을 갖지 않을 수 없다.

'주택을 삶의 터전보다는 부동산 가치로 인식하고, 공동체를 위한 공간보다는 개인의 전용공간을 중시하는' 주거공간에 대한 사회적 관념과 가치체계가 주거환경 전반에 관한 질적 측면을 경시하는 원인이 되고 있다.

우리의 도시는 서구사회의 도시가 누적된 문화의 결과물로 보여지는 것과는 대조적이다. 여기에는 아파트를 재테크의 대상으로만 생각하는 주거의식과 함께 아파트를 소모품으로 생각하는 경박함이 더해진 것이라고 할 수 있다.

실상은 이러한 의식이 주거 전문가, 행정가, 건설업자와 심지어 주민인 국민 모두에게 팽배해 있음이 아파트 주거문화의 변화를 어렵게 하는 원인이 되고 있다.

주거에 대한 요구와
의식 변화에 대한 대응

주거에 대한 요구 변화에 대응한 아파트 디자인

고령화 사회의 특성과 노인주거

인구감소와 겹쳐진 초고령화 사회에서는 주택 사정의 의미도 전과는 달라진다. 사회적 배경의 변화에 따라 재정 지출의 증대를 초래하므로 주택정책이 달라져야 한다.

이런 측면에서 볼 때, 그동안 시장정책이 중시되는 분위기 속에서 LH 한국토지주택공사와 같은 공공기관에서도 수익성 우선의 사업을 수행해왔지만, 공공기관의 존재 의미를 생각해볼 때 이제는 그 역할도 인구감소와 고령화 사회에 대응한 주거사업에 노력을 기울여야 한다.

우리나라에서는 많은 노인이 자신의 집에서 거주하고 있으며, 노후에도 계속 자신의 집에서 거주하기를 원하는 경향이 지배적이다. 그러나 자립적인 주거 생활이 어려워질 정도로 건강이 나빠지거나, 주택관리가 어려워지면 노인을 위한 대체주거에 대한 필요성이 사회적으로도 증대하게 될 것이다.

혼자이든 부부이든 간에 고령자가구는 주택과 외부로부터 안심할 수 있는 환경적 여건을 갖추는 것이 필수적이다. 여기서 말하는 생활상의 안심감은 경제적 부담이 없는 임대시스템, 가족 기능을 대신할 수 있는 돌봄과 상담 기능 그리고 심신 기능의 쇠퇴를 지원해 줄 수 있는 간호와 의료 환경을 갖추는 것이다. 따라서 병원과 복합화된 고령자주택 등 이에 대응할 수 있는 다변화된 아파트 유형들이 제안되어야 할 것이다.

일본에서는 하나의 주거단지나 공동주택에 여러 노인이 모여 살면서 개별적으로 혹은 공동으로 소득을 얻을 수 있는 일과 이에 필요한 공간을 가지는 자립형 노인 커뮤니티 하우스가 있다. 노인주거 및 시설의 유형으로는 여가, 레저, 문화, 의료 등의 복지서비스를 제공하는 실버타운과 일상생활 관련 서비스 그리고 간호 서비스를 제공하는 요양 시설이 있다. 또한 건강한 노후세대들이 모여서 취사, 식사, 주택단지 관리, 취미활동 등의 일상생활을 공동으로 자치 운영하는 일종의 협동주택인 노인용 코하우징 등이 있다.

이제 우리 사회도 고령사회로 들어서면서 노인을 위한 주택은 단순히 주택이 있는 것만으로는 온전한 대비책이 될 수 없다. 따라서 이와 같은 새로운 노인 거주형식의 등장에 따른 노인형 주거유형이 개발되어야 한다.

새로운 가족유형과 생활 패턴에 대응한 주거공간계획

새로운 주(住) 요구 변화에 따라 혈연관계가 아닌 가족형, 직주(職住) 일치형 등 새로운 형식의 생활 패턴을 반영할 수 있는 주택들이 요구될 것이다. 예로서 일본의 경우 혈연관계가 아닌 가족형 주택으로서 '기후현영(岐阜県榮)

住宅 하이타운 북방'이라는 1,000호 규모의 재건축 사업이 시행되었다. 건축가 이소자키 아라타가 코디네이터로서 참여하여 여성 건축가 4명과 함께 작업하였는데, 기존의 nLDK 개별세대평면 타파를 시도한 것으로 알려져 있다.■주69■ 혈연관계가 아닌 가족형을 설정하고, 주호의 구조를 균질화한 병렬형 주호를 제안하였다. 결과적으로 공용 복도와 주호와의 관계를 새롭게 설정함으로써 다양한 가변성을 갖게 되었다.

또한 직주(職住) 일치형 주택이 계획되고 있는데, SOHO와 재택근무에 대응한 공동주택의 계획이다. 암스테르담의 '보르네오 스프렌 부르크 계획(1987)'에서는 집에 업무공간을 두기 원하는 사람들이 개별적으로 자금을 출자하고, 시에서 부지를 임대해주어 주택과 직장 작업공간을 복합 설계한 아파트 주거가 제시되었다. 일반분양한 집합주택에서는 충분한 작업공간을 확보할 수 없다는 점에서 'BO1'은 재택근무를 위한 대안을 제시하고 있다.■주70■ 이러한 직주 일치형 주택은 일본에서도 아직 개발도상 단계에 있다고 한다. 1인가구의 증가 등 최근 우리나라에서도 도시 사회적 변화에 따른 새로운 주거에 대한 요구의 다양화 현상에 대응하기 위해서는 다양한 주거공간 계획에 관한 연구가 뒷받침되어야 한다.

개별성 맞춤형으로서 주거공간 디자인

다양한 거주자의 주거에 관한 요구는 보다 다양한 개별세대 공간 플랜을 요구하고 있다. 또한 새로운 가족형 주택과 직주 일치형의 풍요로운 생활공간에 대한 요구에 따른 SOHO형 주거에 대한 요구도 증대할 것으로 예측된다. 이러한 현상은 우리나라 아파트 평면계획 패턴으로 고착화 된 nLDK형을 벗어난 탈 nLDK형의 새로운 평면유형을 요구하게 될 것이다.

일본의 경우, 잡지의 특집이 계기가 되어 건축가가 설계한 집합주택이 디자이너 아파트라고 불리며 젊은 세대에게 인기를 얻고 있다. 그들에게는 개성을 표현하는 방법의 하나로 인식되고 있다. 자신이 좋아하는 디자인 취향의 실내를 꾸밀 수 있는 공간 디자인을 선택할 수 있기 때문이다. 이제 거주자들은 주거환경의 가치를 실내와 외관뿐만 아니라 개별세대의 구조와 공용공간을 포함하여 종합적으로 판단을 하고 있음을 볼 수 있다.

디자이너 아파트 붐은 건축을 친밀한 것으로 다가가게 해주고, 결과적으로 주민 스스로가 아파트를 선택할 수 있는 폭을 넓혀 주고 있는 것이다.

특히 공간의 기능에 따라 분할하게 되는 nLDK 형식보다는 기능이 일체화된 오픈 타입으로 이루어지는 경우가 대부분이다. 말하자면 구조에서 공간으로 변화를 하고 있는 것이다. 거주자가 행위를 설정하고 가구배치를 통해 공간을 만들어나가고 있다.

또한 방범에 대비한 공간디자인에 관한 요구도 점점 증대하고 있음을 볼 수 있다.

최근 우리나라에서도 주호 침입을 포함하여 공동주택 범죄가 급증하고 있으며, 일본의 경우도 2001년 국토교통성은 '방범을 배려한 공동주택에 관한 지침'을 발표하였다. 기본원칙은 감시 확보, 영역성 강화, 접근 제어, 피해 대상 강화—회피의 개념이다. 이에 따라 방범 성능이 일정 수준 이상의 아파트를 '방범 모델 아파트'로 등록하는 제도가 생겨났다.

이러한 공용공간에서의 보안상의 취약점을 개선하여 방범에 대한 대비를 강화한 아파트 공간디자인에 대한 요구도 증대할 것이다.

천정 높이 4m아파트 실내
(해운대/부산)

공간의 가치가 수요를 창출하는 주거공간 디자인

최근 아파트에는 최신 설비가 잘 갖추어져 있어 편리하기는 하지만, 한편으로는 편안함과 풍요로움을 창출할 수 있는 공간디자인에 관한 요구가 증대되고 있다.

층고가 높은 자유 설계, 수준 높은 커뮤니티 시설 등 기존의 아파트 공급에서는 좀처럼 생각할 수 없었던 것이 특화된 공간디자인을 통하여 나타나고 있다. 피트니스 센터, 사우나, 실내 골프장, 세탁기와 건조기를 갖춘 런더리 카페, 그리고 입주민 간 모임을 열 수 있는 연회장 등을 둔 곳도 생겨나고 있다. 이러한 디자인의 성공은 공간의 가치가 수요를 창출할 수 있음을 보여준다. 건축가와 실내 디자이너가 설계한 아파트가 트렌드가 되고 있는 것처럼 일반 아파트에서도 풍부한 공간 가치를 보여줄 수 있는 제안이 필요하다.

다양화되어가는 거주방식에 따라 SOHO형 등 주거공간에 대한 요구도 다양하게 나타날 것이며, 그중에는 풍부한 단면 계획을 통한 실내공간의 입체화 등 특화된 주거공간에 대한 요구가 증대될 것이다.

일반 아파트는 층고 축소를 통한 경비 절감을 위해 슬래브 바닥의 현격한 차이를 피하고 각 방의 천장 높이를 일정하게 한다. 그러나 최근 개별세대 면적이 넓어지고 거실이 커지면서 천장도 높아지는 경우가 나타나고 있다. 이 경우 침실 등 좁은 방은 천장을 낮게 하는 등 실내공간의 입체화를 도모하는 것도 가능하다.

의식 변화에 대응한 아파트 디자인

주거의식의 변화에 따른 거주방식의 다양화

일반적으로 모든 나라의 주택 공급 기조는 그동안 한 가족당 하나의 집을 마련해준다는 개념이 지배적이었다. 그러나 최근 들어서 일본에서는 '복수 거점 거주'라는 거주방식이 나타나고 있다. 이러한 '복수 거점 거주'방식은 한 가족이 하나의 주택에 정주하기보다는 계절에 따라 혹은 취미 등 삶의 유형과 패턴에 따라 여러 곳의 거처를 옮겨 다니며 사는 데서 비롯되었다.

이러한 현상은 여러 주택을 필요로 하는 도시생활 긴밀형 도시주택의 등장으로 이어지고 있다. 한편으로는 독신자주택에 대한 요구가 증가하면서 독신여성을 위한 아파트, 그리고 개인과 공동체가 함께 살아가는 생활형 초고층주택에 대한 수요도 나타나고 있다. ■주71■

사례를 살펴보면 거주자의 속성, 위치, 건물 형태, 소유 형태, 규모와 사용 빈도 등 여러 면에서 그 특징도 다양하다. 가령 '같은 아파트에서 2개의 주호를 오가는 사례'와 SOHO 외에 국내외 서너 군데 거점을 두고 1년 간 주기적으로 오가는 사례 등이 나타나기도 한다는 것이다.

이것은 한 가족이 여러 거주지를 필요로 하는 거주방식과 주의식의 변화가 도시주택에서 등장하고 있다. 이러한 복수거점 거주방식의 변화 현상은 일본뿐만 아니라 한국을 포함한 여러 나라에서 나타나는 보편적 현상으로 보인다. 주의식 변화에 따라 보다 다각적인 주거디자인의 개념에 대한 요구도 증대될 것으로 예측된다.

아파트를 공공재로 인식할 수 있는 주거의식 변화와 주거정책

선진국의 저출산 고령화 사회문제와는 반대로 현재 세계 인구는 급속한 증가세를 보이고 있다.

세계 인구는 현재 생물학적 관점에서 지구 수용 능력 35억 명을 이미 넘어 현재 77억 명에 육박하고 있다. 50년 후에 세계 인구는 90억 명이 넘을 것으로 추정되고 있다. 역사적으로 볼 때 식량과 에너지 등 자연자원의 공급 차원에서 환경의 능력을 넘어 인간 사회가 팽창했을 때, 인간 사회의 질서가 붕괴되면 인구 조절을 위한 투쟁이 반복되어 왔음을 볼 수 있다. ■주72■

예컨대 대규모 전쟁 등 일종의 조정을 위한 자정작용이 작동하였다는 것이다. 그밖에 사막화 혹은 해수면 상승, 기후 변화 등이 있다. 이미 인간의 자원 소비량은 지구의 자원 생산량을 넘어서고 있으며, 이는 경제 활력의 저하로 이어지게 된다고 한다. 이럴 때 우리가 할 수 있는 일은 기본적으로 국가의 자산을 국내에 축적하는 것이다. 그것도 금융이 아닌 자원자산, 즉 물건으로 자산을 축적하는 것이다. 이러한 상황에 대응하기 위해서 우리 사회는 지금까지의 지속적 개발을 반복하는 프로어형 사회에서, 축적의 개념을 기본으로 하는 스톡형 사회로의 전환이 필수적이라고 할 수 있다.

따라서 이제는 주택수급정책이 도시주거문화의 총체적 관점에서 다루어져야 하며, 보다 유연하고 다양하게 접근함으로써 주거환경의 안정을 도모할 수 있다.

무엇보다 아파트와 같은 자원자산을 공공재로 인식함으로써 질적 수준의 향상과 더불어 미래세대에 넘겨줄 수 있는 지속가능한 주거환경으로 가꾸어 나가야 한다. 또한 주거환경의 질이 우선시되는 사회는, 그 사회가 수준 높은 주거환경을 요구할 때 가능할 것이다. 결국 그 사회의 주거 수준도 스스로가 만들어 가는 것이기 때문이다.

따라서 우리 모두가 바라는 수준의 지속가능한 주거환경을 조성하기 위해서는 설계 전문가, 공무원, 건설업자와 주민인 국민의 주의식의 전환이 시급하며 이에 따른 주거정책이 뒷받침되어야 한다.

공공성을 중시하는 아파트 디자인과 정책

인구감소시대를 본격적으로 맞이하게 되면 우리 사회에서는 주택문제가 더욱 부각되기 시작할 것이다. 지금도 주택 공급은 국가적 차원에서 볼 때, 경제의 원천이 되는 중요한 요소이다. 특히 공공성을 중시한 주택정책의 필요성이 나날이 높아지겠지만, 기업의 경쟁 원리 측면에서 보면 진정한 공공성을 배려하기가 쉽지 않다.

더구나 우리나라의 공동주택은 서구 근대화 시대 공적 개념의 도시주택 개념과는 거리가 먼 재테크 수단화가 된 점이 근본적인 차이로 작용하고 있고, 주택사업에 있어서도 그 주도권을 개발업자들이 가짐으로써 도시주거의 공공성 측면의 장기적 전략이 그만큼 소홀하게 다루어질 수밖에 없는 것이다.

앞서 언급했듯이 주택도 하나의 사회적 공통자본과 다를 바 없지만, 우리나라 사람 대부분이 이에 공감할 만큼 성숙했다고는 할 수 없다. 따라서 도시주택이 지니고 있는 공공성 측면을 주택정책에 반영하기가 쉽지 않다.

이를테면 공공이 직접 관련된 공공주택정책과 민간시장을 목표로 하는 시장정책으로 구분되어 왔지만, 지금은 공공성을 중시하면서 동시에 시장경제의 이점을 활성화할 수 있는 통합적 정책이 필요하다.

변화에 대응한 아파트 공급시스템의 다양화

SI주택, 주문설계, 프리플랜, 셀프빌트(self-built)

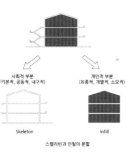

사회적 부분
(기본적, 공동적, 내구적)

개인적 부분
(최종적, 개별적, 소모적)

Skeleton

Infill

스켈리턴과 인필의 분할

스켈레톤과 인필 개념

대량공급과 획일적인 아파트 공급과는 달리 이제는 다양한 주요구에 대응한 개별 주거형식을 공급하는 다양한 방식이 요구되고 있다. 가장 일반적인 것이 스켈레톤 인필(SI주택)의 개념이다. 스켈레톤이라는 구조체와 인필이라는 생활공간을 분리해서 공급하는 방식으로 우리나라에서도 한때 주공에서 시도했던 적이 있다. 일본에서는 도쿄의 松原아파트(1998)에 처음으로 구조체를 정착시켜 지가가 높은 입지에 일반 아파트보다는 훨씬 저렴한 주택을 공급할 수 있었다.

이러한 내용이 뒷받침되면 우리나라에서도 자유롭게 설계할 수 있는 아파트가 점점 늘어날 것으로 예상된다. 물론 공동주택의 구조체 분리형(SI주택)설계와 준공이 제대로 이루어지기 위해서는 해결해야 할 문제도 적지 않다.

우선 구조체 설계자와 실내공간 설계자의 역할 분담이 명확해야 한다. 이러한 과정에 비추어 설계비용이 제대로 책정될 수 있는 근거가 아직은 미흡하다는 점이다.

결국 상호 신뢰성, 입주자의 욕구, 시공경비, 자유로움의 정도 등 요소들 사이에 균형을 이룸으로써 선택의 폭도 그만큼 늘어날 수 있다.

일본은 주택·도시정비공단(현 도시기반정비공단)이 1989년에 30개의 주호를 구조체 임대주택 상품으로 하는 '프리플랜 임대주택'이 실험적으로 제시된 적이 있다.■주73■

이것은 임대주택 수요층 요구의 다양화에 대응하기 위하여 개성화를 추구하고자 한 것으로 인테리어, 칸 벽, 설비 등을 변경할 수 있는 가능성을 높이고자 한 것이다.

1998년에는 주민 주체의 민간사업을 지원하기 위한 조직으로서 '구조체 정착보급센터■주74■'가 비영리조직으로 설립되었다.■주75■

이러한 움직임은 1990년대 후반부터 2000년대 초까지는 '다양한 주거 요구에 대한 대응'과 '장기적 내구성의 실현'을 목표로 하였으나, 최근 들어서는 마을만들기에 기여하고자 하는 등 제3의 단계로 이행하고 있다.■주76■

주문설계, 프리플랜 등은 일반적으로 신축 시 입주자의 요구에 개별 대응하는 것을 의미하며 국내에서 부분적으로 시행되었던 선택을 전제로 한 메뉴 방식과는 차이가 있다.

최근 우리나라에서도 자신의 손과 머리로 스스로 공간을 구성하고자 하는 셀프빌트(self-built) 개념의 도시주택이 나타나고 있다.

영국의 셀프빌트에 의한 주택건설 호수는 6% 정도로 다른 나라에 비해 적은 편이다. 이에 비해 독일은 60%, 미국은 20% 수준으로 알려져 있다. 스웨덴의 경우는 스톡홀름 시청이 1920년대 이후 셀프빌트 부서를 설립하여 도시의 핵가족용 주택의 30%를 지원하고 있다. 참가자들을 모아 토지와 자금 마련을 위한 위임을 받은 뒤 임대 혹은 분양 주택을 셀프빌트하게 되면 장점도 적지 않다. 건설비의 40% 정도까지 절약이 가능하며, 이러한 금전적 여력을 주택의 질 개선에 돌릴 수 있다는 것이다. ■주77■

이러한 것들은 소유와 임대의 중간에 해당하는 개념의 사업방식으로 가변성을 지닌 SI주택 및 구조체 임대 등으로 건축물의 장수명화가 가능한 주택 공급 방식이라 할 수 있다.

구조체 건설 후 일정 기간이 지나면 권리는 땅 소유주에게로 넘어가게 되며 땅의 권리를 유지하면서 비교적 안정적인 사업을 할 수 있는 장점이 있다.

우리 사회도 다변화하는 거주형식과 주요구의 다양화에 대응하여 골조 공급형과 2단계 공급방식 그리고 프리플랜 및 셀프빌트 방안 등 상황에 따른 다양한 공급시스템을 연구 지원할 필요가 있다.

미래형 아파트 제안을 위한 총체적 실험의 교훈: '오사카 NEXT 21'

NEXT 21 오사카

삶의 편리성을 우선한 주거의 양적 확보에서 인간성을 중시한 주택의 질적 확보 개념을 위한 실험적 연구가 이루어진 적이 있는데 그것이 바로 10년 간의 거주실험인 '오사카 NEXT 21'이다. 실험을 위한 건물인 '오사카 NEXT 21'은 버블 경제 중인 1990년에 착수하여 3년 뒤인 1993년에 준공하였다. 그전에 시스템 빌딩과 2단계 공급방식과 관련된 오픈빌딩 사상에 뿌리를 두고 있는 네덜란드 연구소 프로젝트를 참고하였다. 1994년부터 1999년 5년간 거주실험을 마친 후, 1999년에 리폼을 하였고, 2000년부터 2005년까지 5년간의 실험을 추가로 진행하였다. 총 15년에 걸쳐 'NEXT 21'이 시행되었으며, 에너지 환경공생주택, 인공지반 도시형 집합주택, 주민참여 2단계 공급 등을 목표로 연구가 진행되었다.

뼈대구조로서의 스켈레톤은 유럽에서는 벽의 개념에 가깝지만 일본에서는 기둥과 보의 개념으로 변경하게 되면서 뼈대구조로서의 스켈레톤은 일종의 인공지반이 되었다. 이러한 뼈대구조는 가구 블록의 입체가 가로가 되기도 하고 입체녹화 시스템이 되기도 하며 설비가 묻히는 시스템이 되기도 하였다. ■주78■

이러한 뼈대구조에 다양하게 변하는 내적 활동(infill)를 받아들이면서 상호관계에 관한 연구가 진행이 되었다.

이것은 고착화된 일본 집합주택의 획일성을 벗어나 새롭게 다가오는 미래형 공동주택을 제안하기 위한 근거를 만들어가는 작업이기도 하였다.

특히 고베 대지진(1995년)을 계기로 분위기가 변화되면서 지방에 있어서도 종합적 주택정책을 위한 주택 마스터플랜이 책정되었으며, 지방의 공공주택 설계에 있어서 저명 건축가들이 참가하기 시작하였다.

우리도 주민생활과 공공성을 우선한 계획론의 체계적 연구가 다양하게 이루어져야 한다.

또한 거주자의 개별성에 대한 대응, 지역성의 대응, 전통성의 재고찰 등에 관한 접근이 요구된다.

인구감소와 고령사회, 정보화 사회라고 하는 가까운 미래에 대한 사회적 변화에 대한 대응과 건물 노후화의 문제 그리고 독신 거주자에 대한 대응 등 도시주택에 관련된 연구가 필요하다.

기술 개발 및 주택산업의 표준설계 시스템화

주택도 다른 건축물과 마찬가지로 반복적으로 사용되는 부재들이 대량생산되어 사용되는 특성이 있다. 그리고 아파트의 대부분이 철근콘크리트조로 지어지는 점을 감안하면 현장 관리나 품질의 균일성 보장이 쉽지 않은 현장 시공 방법보다는 공장에서 주택의 부품을 미리 만들고 현장에서는 조립만 함으로써 품질의 균일화를 기하고 공사기간도 단축하는 방식에 관심을 가지는 것은 당연한 일이다.

그리고 공업화 방법은 주택 부재의 대량생산을 가능하게 하여 경제적이고 품질이 좋은 주택을 건설할 수 있게 한다.

일본의 경우 '70년대에는 '파이롯트 하우스'라 하여 민간 기술 개발 의욕을 자극함으로써 기술 개발 및 주택산업의 시스템화를 겨냥한 적이 있는데, 이것은 철골조+pc 버전 등 주로 공법에 관한 것으로 제안 공모에 의해 진행되었다.

또한 토지 구입, 기획, 설계, 시공, 판매, 유지관리 및 보수까지를 맡아 하는 생산적인 표준설계시스템의 하나로서 CONBUS(Condominium Building System)■주79■라고 불리는 것이 있으며, 저렴한 양질의 주택을 제공하는 것을 목표로 하고 있다.

그리고 NPS(New Planning System)라는 설계부터 생산을 포함한 종합적인 표준설계 시스템이 있다. 각 단지의 개별 조건에 따라 적정한 설계를 하기 위한 '규칙의 표준화'라는 의미가 강하며, 라이프 사이클의 변화에 대응할 수 있는 가변성에 목표를 두고 있다.

그밖에 '주거기능 고도화 추진 프로젝트'의 일환인 CHS는 내구성 향상을 도모하기 위한 주택생산 공급시스템으로, 주택 구성 부품 교체를 위한 설계, 시공, 생산의 규칙을 정하는 것이다. 그리고 이러한 시스템은 기후, 풍토, 문화 등 지역성을 중시한 주택 공급 방식인 HOPE계획 등으로 이어져 오고 있다.

인구감소시대를 맞이하여 공사기간을 단축하면서 품질을 유지할 수 있는 공급시스템의 다양화를 위해서는 이를 뒷받침 할 수 있는 건축부재의 대량생산 체제에 대한 지원정책이 적극적으로 마련되어야 한다.

우리나라에서도 최근 조립식 모듈주택■주80■을 시행한 바 있다. 국토교통부 국가연구 개발(R&D)사업의 하나인 천안 두정 모듈러 공동주택 실증 단지가 바로 그것이다. 사회초년생과 대학생, 고령자 등을 위한 행복주택을 모듈러 방식으로 짓고 있다. 이 방식은 블록형태의 유닛구조체에 전기, 욕실, 주방 등을 미리 공장에서 생산한 것을 현장에서 조립·시공하는 것이다. 20가구는 인필(infill) 방식으로, 다른 20가구는 라멘(유닛박스)방식으로 총 40가구가 건축되었다. 인필 방식은 글자 그대로 뼈대가 있는 구조체에 모듈유닛을 끼워넣는 방식이며, 라멘식은 모듈을 쌓는 적층 방식으로 건립된다. 기존의 콘크리트 아파트 방식보다는 친환경적이라 평가되고 있다.

노후 아파트의 재생

Renewal of old apartment buildings

6

노후화 특성과 재생의 개념

노후 아파트 재생 방향과 전략

우리보다 앞서 많은 아파트를 지어온 서구사회가 노후화된 수많은 아파트를 폭파시키고 있다. 아파트 철거 후에는 저층 주거지로 재건축 하거나 혹은 일부는 철거하고 일부만 재건축 하기도 한다.

우리나라의 경우, 1990년대를 기점으로 이전에 조성된 아파트는 전면 철거 후 재건축 방식을 적용하였으나, 1기 신도시 등 1990년대 이후 조성된 아파트 단지는 고층고밀의 아파트 단지가 대부분으로 전면 철거형 재건축 방식의 적용이 곤란한 실정이다.

25층 고층 아파트 재건축은 사실상 불가능하며, 설사 가능하다 하더라도 사업성이 없어 고층 아파트 슬럼화 시대가 올 수밖에 없다. 따라서 앞으로는 리모델링에 의한 재생이 주된 사업 방향이 될 것이다.

장수명 시대를 대비하여 노후 아파트의 재생은 단순재생이 아닌, 스토크화 사회에 적합한 자산 축적형 재생이 되어야 한다.

스토크형 사회에서는 세대 간 넘겨줄 만한 자산 가치를 지닌 장수명의 지속가능한 아파트로의 재생이라는 개념이 요구된다.

아파트 재생은 주민생활을 위한 콘텐츠를 만드는 작업까지 포함해야 한다. 단순히 증축을 통한 수익 창출보다는 주민들 삶의 질을 개선할 수 있는 삶의 재생이 되어야 한다.

노후화 특성과 재생의 개념

우리나라 노후 아파트

아파트 노후화와 재생 현황

우리나라 아파트 노후화 정도를 살펴보면, 30년 이상 경과한 노후 아파트가 전국에 30만 1000가구에서, 2020년에는 122만 5000가구로 4배 이상 증가할 것으로 예상(KB금융지주경영연구소, 2013)되고 있다. 노후화와 함께 빈집도 증가하고 있다. 통계청 자료에 따르면, 2016년 우리나라의 총 주택 수는 약 1,670만 호이며 빈집은 112만 호로, 빈집률이 6.7%였다. 지역별로 서울은 3.3%, 경기도는 4.4%, 인천시는 5.5%로 나타났으며, 빈집률이 가장 높은 전라남도는 13.5%였다. 수도권은 다른 지역에 비해 빈집률이 높지 않았으나 지방으로 갈수록 편차가 커지는 특징을 보여주고 있다.

경사지 저층 노후 아파트
(수정동/부산)

양적공급시대에 지어 놓은 기존의 공동주택은 노후화와 함께 진부화가 진행됨에 따라 재생의 시대를 맞이하고 있다. 아울러 주택정책의 기조도 건설에서 관리로 변화되고 있음을 볼 수 있다.

부산의 경우 타 도시에 비해 노후주택이 광역 분포되어 있고 경사지에 위치하고 있어 사업성이 낮고 공공 및 민간 사업의 어려움이 크다.

인구도 최근 10년간 21만 명이 감소하였으며 65세 고령자 비율은 2005년 8.7%에서 2010년 11.7%로 증가하였다. 2010년 통계에 의하면, 부산 시내 빈집■주81은 미분양아파트와 단독주택을 포함하여 40,000세대에 이르고 있다. (국가 통계포탈)

대규모 단지인 부산의 해운대 신시가지 경우도 분양한 지 30년에 이르고 있으나, 이미 270%라는 높은 용적률로 재건축은 엄두를 내기가 어려우며, 벽식 구조로 리모델링도 쉽지 않을 것으로 판단된다.

아파트 재생 대상인 15층 규모의
노후 아파트단지 (동래구/부산)

또한 1988년 노태우 대통령 시절 정부의 200만 호 건설 공약에 따라 지은 금정 금사동, 해운대 반여동, 사하 신평 등에 지은 4층 규모의 다세대 주택들의 노후화가 급속히 이루어지고 있어 현재 임대도 되지 않고, 빈집이 속출하고 있는 실정이다. 이곳은 이미 건폐율 90%를 차지하고 있고, 주차장 시설이 없으며, 기반시설도 갖추지 못한 상태로 있다.

우리나라 아파트는 대체로 3~5인 가족 규모로 지어졌는데, 최근 들어 나타나고 있는 1인가구의 증가에 따라 이러한 이전 규모의 아파트 노후화의 속도도 증대될 것으로 예상된다. 이에 따라 재생의 방향도 이러한 사회적 변화와 요구를 반영하여 대응해 나가야 할 것이다.

재건축과 리모델링의 차이

재건축이란 노후 · 불량 주택을 철거하고, 철거한 대지 위에 새로운 주택을 건설하기 위해 기존 주택의 소유자가 재건축 조합을 설립하여 자율적으로 주택을 건설하는 사업을 말한다. 이에 반해 리모델링(Remodeling)이란 지은 지 오래된 건축물을 대상으로 내 · 외관을 현대적 감각이나 실용성에 맞게 개보수하는 건축기법을 말한다.

양자의 차이점은 우선 근거법률(리모델링-주택법/재건축-도시 및 주거환경정비법)이 다르다. 리모델링은 조합설립이 재건축에 비해 간편하고, 안전진단이나 관리처분계획 등의 법규 변경 절차가 재건축보다는 간소하다. 그리고 비용 면에서 재건축은 기반시설부담금과 초과수익환수금, 소형평형의무 비율 등 개발부담금이 늘어나는 반면에 리모델링은 다소 경제적이라는 평가를 받고 있다.

리모델링은 건축물의 기능향상 및 수명연장으로 부동산의 경제효과를 높이는 것을 의미하며, 「주택법」상에는 건축물의 노후화 억제 또는 기능 향상 등을 위하여 대수선을 하거나 일정 범위에서 증축을 하는 행위라고 정의하고 있다

정부는 전면재건축의 문제점을 개선하고 사업성이 부족한 공동주택의 주거환경개선을 도모하기 위하여 아파트 리모델링을 도입하였다. 그러나 대단지 대규모개발에 익숙한 대기업들은 시간이 오래 걸리고 이윤이 한몫에 들어오지 않는 리모델링 사업에 관심을 갖지 않는 것이 현실이다. 따라서 현재 리모델링 사업이 완료된 단지는 극소수에 불과한 실정이다. 그동안 리모델링은 전면재건축의 대안으로 인식되면서 업계나 추진단지는 사업성 확보를 위한 수직 · 수평증축과 세대수 증가에만 초점을 맞추어 왔다. 그러나 주택수요가

정체된 상황에서 개별세대와 주거동만 개선한 리모델링 단지는 주택시장에서 별로 환영받지 못하고 있다.

또한 아파트 리모델링 활성화를 위하여 구조 안정성 확보를 전제로 최대 3개 층까지 수직증축을 허용하고, 세대수 증가 범위도 15%까지 확대하는 '수직증축 리모델링 허용방안(2013년 6월 5일)'을 발표한 바 있다.

이와 함께 수직증축 리모델링에 따른 도시과밀·인구집중 등의 영향을 사전 검토하고 지역 차원의 리모델링 사업 방향을 설정하기 위하여 2013년 개정된 주택법에 따르면, 50만 이상 대도시는 리모델링 기본계획을 수립하도록 되어 있다.

또한 리모델링 지원센터 설치를 통해 리모델링 사업 추진을 지원하는 등 개발보다는 유지보수로 국내 건설시장을 유도하고 있으나, 리모델링 사업은 활성화되지 못하고 있다. (2014 한국건설산업 연구원)

리모델링을 통해 긍정적 효과를 기대할 수 있는 항목으로는 유효면적 증대(세대면적 확장, 지하층 활용), 이외에 편의성 및 내·외관 향상(가변형 공간 적용, 공간구획 변경), 친환경·건강시스템 적용(에너지절감시스템, 첨단정보시스템 적용)등을 들 수 있다.

대부분의 아파트는 재생을 목적으로 하거나 수명연장을 위해서 나름대로 부분별 유지보수를 하고 있는데, 단지 전체를 리모델링한다면 어떤 혜택이 있고 어떤 장점이 있는지를 주민들에게 인식시키는 것이 중요하다.

현재 국내 상황에서는 리모델링과 재건축의 장단점을 아래 표와 같이 정리할 수 있다.

국내 주거전문 설계자가 생각하는 탑상형과 가로형 장단

	리모델링 (주택법)	재건축 (도시 및 주거환경정비법)
장점	• 사업추진 기간 단축(2년 내 착공가능) • 증축으로 인한 수익성 향상 기대 • 공사기간 단축으로 원가절감 • 건설폐기물 감소 • 원주민 재정착률 높음 • 건축법완화(건폐율, 용적률, 일조 등) • 기존 용적률이 법 상한차를 초과한 경우라도 증축이 가능	• 자유로운 단지설계 및 평면개발 용이 • 최신형 공간 배치 가능 • 지하주차장 최대 확보 • 건폐율 축소로 녹지 확보 용이 • 조망권 확보 용이 • 도시재정비 차원으로 쾌적한 도시환경조성

| 단점 | • 기존 구조체로 인한 평면구성의 한계
• 일반분양분이 재건축보다 적어 상대적 수익성 낮음
• 보수, 보강비 과다 소요
• 수행사례가 적음
• 시공의 높은 기술력 요구
• 공사기간 중 재산세를 납부해야 함 | • 재건축초과이익환수
• 소형평형의무비율 (85m²이하:60%)
• 재건축추진의 불확실성(평균10년 소요)
• 분양가 규제정책으로 조합원부담 증가
• 재건축연한에 해당해도 안전진단 결과에 따라 사업추진 가능여부 결정(D또는 E급으로 판정을 받고 적정성 검토결과 재건축 사업이 가능함) |

서구와 일본 아파트 재생의 교훈

서구 아파트 노후화와 재생

프랑스의 경우는 도시 외곽에 지어놓은 11층짜리의 단조로운 주거단지가 슬럼화되면서부터 대단지 건설을 중지하였다. 과거 아파트 폭등기에는 재건축이 황금알을 낳는 거위였지만, 점점 재건축할 경비 마련이 어려워지면서 결국 단지는 슬럼화되었다.

프랑스 아파트의 재생 방향은 첫째, 전체적으로 수요가 줄어든 지역은 재건축 없이 철거하며, 둘째, 일부는 리모델링 일부는 재건축 혹은 공용공간으로 대체하거나, 셋째, 철거 후 생활적합형 저층 주거단지로 재건축하는 방식 등세 가지 방향으로 유도하고 있다고 한다.

아울러 1980년 이후로는 하나의 단지가 200세대 이상 넘는 단지는 존재하지 않는다고 한다.

프랑스의 주거복지정책은 정부의 주택시장 개입, 사회주의적 접근 중심이었으나, 점차 효율성을 고려하여 자본주의적 접근을 하는 상황이지만, 우리나라는 규제 완화 중심의 시장성 중시 정책에서 사회주택 공급을 점차 확대하는 변화의 시점[주82]이라 할 수 있다.

독일은 1960~70년대에 유일한 주택난 해결책이 20층 규모의 고층 아파트였다. 그러나 통일 이후 20만 가구를 폭파시킬 수밖에 없었으며, 현재 도시계획개념이 도입되어 재건축을 통하여 중층 이하의 가로 형성을 중요시하는 가로형 아파트로 변경 중인 것으로 알려져 있다.

영국의 주택단지 재생은 1981년에 중점 주택 단지 프로젝트 (Priority Estate Project, PEP)로 시작하여, 도시주거 재생 (Urban Housing Renewal Unit, UHRU 1985)이라는 프로그램으로 명칭을 변경하였다.■주83■

1990년대 주택단지 재생은 지방 자치 단체, 주택 협회, 민간 부문 간의 협력에 의해 이루어졌고 사후 관리를 포함하여 중앙 정부에서 예산이 배분되었다.

영국의 타워 블록은 현재 매년 전국에서 사라지고 있으며, 글래스고의 경우 2006년 이래로 고층 주택의 25%가 새로운 주택 개발을 위해 철거되었다.

영국 고층 아파트 재생

영국에서는 2016년 4월과 7월에만 북쪽의 Seaforth Merseyside의 15층 타워 블록 2개와 Blackpool의 나머지 17층 타워 블록 3개가 각각 철거되었다. 그동안 고층 아파트 철거 위주로 진행하던 것을, 2016년 1월 정부의 방침에 따라 철거 혹은 개조공사에 관한 논의를 거쳐 결정하고 있다. 최근에는 철거보다는 개조공사를 통한 지속가능한 재생을 하는 경향이 늘어나고 있는 추세다.

2050년까지 온실가스 배출량을 1990년 수준의 80%까지 줄일 계획을 세웠으며, 고층 콘크리트 아파트가 에너지 효율적 업그레이드를 위한 최고의 대상이 되고 있다.■주84■

소위 지속가능한 고층 아파트 재생 사례를 살펴보면, 런던의 페리 포인트 (Ferrier Point) 아파트의 경우 외부에 절연 알루미늄 스크린을 부가하고, 새로운 트리플 유리 프레임 시스템으로 오래된 창문과 문을 교체하였으며 새로운 가스 동력 난방 시스템을 설치하였다.■주85■ 일반적으로 태양광 패널은 옥상에 배치하지만 여기서는 입면 외부에 태양광 패널을 설치하였다.

보우 크로스 아파트(Bow Cross Estate)는 1970년대에 동런던의 상징이었으나 높은 범죄율과 안전성 문제로 리모델링을 하게 되었다. 단열 외장 보강과 새로운 이중 유리 프레임 시스템에 의한 오래된 창문 및 문을 교체하였으며, 발코니 및 슬래브 모서리 부분 유색 알루미늄 패널로 외부를 보강하였다. 그리고 새로운 방수막 및 밸러스트 시스템으로 단열을 보강하였고, 콘크리트

골조를 수리하였으며, 새로운 난방시스템과 환기시스템을 설치하였다.■주86■
영국의 노후화 된 고층 아파트 20개에 대한 리모델링 사항을 위치별로 살펴
보면 아래 표와 같이 분류할 수 있다.

주거동 위치별 리모델링 사항

위치별	리모델링 사항
벽체	• 알루미늄 스크린에 의한 피복 Re-cladding 단열 보강 • 콘크리트 벽의 재도장 • 방수 보강 • 열 절연 목재 복합 패널로 오버 클래딩 • 태양광 패널을 설치
창문	• 낡은 창문과 문을 2중 혹은 3중 유리 프레임으로 교체
지붕 및 옥상	• 옥상에 세대 확장 • 지붕 단열 • 방수 보강
발코니	• 발코니 및 슬래브 모서리 부분 유색 알루미늄 패널로 외장 보강
파이프 스페이스	• 오래된 파이프 작업 교체 • 절수형 피팅 설치 • 수자원 또는 전기 사용을 관리하는 '지능형 홈 컨트롤(ICH)' 추가
기타	• 빗물 수집 및 재활용 • 절수형 화장실 플러시 설치

〈참조 : A.Agkathidis, 'Sustainable Retorfits', Routledge, 2018〉

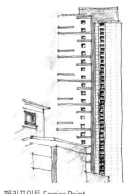

페리포인트 Ferrier Point
(런던/영국)

벽면태양광 패널_페리포인트
(런던/영국)

일본의 아파트 노후화와 재생

일본은 2000년대에 들어서면서 지가가 하락함에 따라 도심주거 건설이 주춤
하고, 초고층맨션건설을 촉진하게 되었다. 일반 아파트의 재건축은 2002년
재건축원활화법 및 구분소유법 개정에 따라 재건축합의에 관한 제반 조건이
갖추어지게 됨으로써 어느 때보다 합의가 이루어지기 쉬워졌다.
그뿐만 아니라 종전의 주거환경과 커뮤니티의 가치를 계승하고 활용하려는
생각도 커졌다. 단지형 아파트의 재생은 지금까지는 재건축이 논의의 중심이
었지만, 최근 도시주거의 공적 자산화 개념의 스톡화 사회분위기에 따라 다

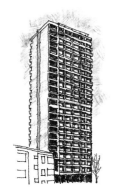

보 크로스 Bow Cross Estate
개량 전 (런던/영국)

보 크로스 개량 후 (런던/영국)

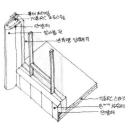

보 크로스 디테일 (런던/영국)

양한 증개축의 가능성도 검토되고 있다.

이를 위한 기술 개발과 함께 주민 간의 합의 형성을 지원하는 전문가를 육성하는 것이 중요한 사안으로 떠오르고 있음을 볼 수 있다.

우리나라보다 먼저 인구감소와 고령화를 경험한 일본에서는 지역 쇠퇴 및 도심 공동화 등의 도시 문제를 겪어왔다.

재건축이나 리모델링 사업을 진행하지 못한 노후 아파트는 빈집이 속출하게 되면서 슬럼화될 확률이 높다.

1990년대 모두가 살고 싶어 했던 도쿄 근교 다마 신도시는 아파트 노후화로 인한 빈집의 증가가 사회문제로 부상하고 있다.

빈집의 증가는 토지 및 부동산 가격의 하락 등 지역경제 문제뿐만 아니라 치안 및 방범 문제, 쓰레기 위생 문제와 같은 다양한 도시 문제들을 일으키는 원인이 되고 있다.

일본의 2013년 총 주택수는 6,063만 동이었고 빈집은 약 820만 호로, 빈집률은 13.5%이다. 동경도는 11.1%, 치바현은 12.7%, 사이타마현은 10.9%, 카나가와현은 11.2%, 나가노현은 가장 높은 19.7%로 나타났다. 역시 지역별 편차가 높으며, 수도권에 해당하는 도쿄 메트로폴리탄의 경우에도 군마현이나 토치기현은 빈집률이 매우 빠르게 증가하고 있다. 주택토지통계조사에 따르면 일본 빈집은 임대용 주택, 매각용 주택, 2차적 주택, 기타 4가지 유형으로 분류하여 대책을 마련하고 있다. ■주87■

1990년 후반부터 시작된 공공주택정책의 기본축이 붕괴되면서 그동안 누적된 낡은 공공주택의 개보수와 재생사업이 시작되었다. 재생사업을 위한 법제화가 이루어져 있었지만 재고 아파트의 개축은 합의를 이루는 데 난항을 겪는 경우가 많았다.

또한 인구감소에 따른 지방도시의 소멸에 관한 염려로 인하여 도시의 집약화가 추구되기도 하였으며, 지자체의 맨파워와 재정력 부족으로 인하여 주택의 재생사업은 공공 주도에서 관민 연계로 바뀌게 되었다.

노후 아파트 재생 방향과 전략

노후 아파트 재생 방향

지속가능한 아파트 재생이어야 한다

영국의 경우 고층 콘크리트 타워형 아파트는 구조적 취약성으로 인하여 에너지 효율 측면에서 업그레이드해야 할 우선 대상 건물로 간주되고 있다.

영국 정부는 2008년에 발표된 법(Change Act of 2008)에 따른 탄소 플랜(Carbon Plan)을 통해 영국의 실질적인 탄소 제거에 대한 장기적인 플랜을 만들었다. 이것은 기후 변화에 대응하여 세계 최초의 법적 구속력이 있는 계획을 설정한 것이다. 목표는 1990년을 기준으로 환경적 맥락에서 영국의 온실가스 배출량을 2020년까지 최소 38%, 2050년까지 80%를 감축하는 것으로 설정하였는데, 이러한 전략은 건설 환경과 직결되는 것이다.■[주88]■

공동주택에서의 탄소감소정책은 현재와 미래를 위한 건축물의 설계에 영향을 미치도록 하기위한 조치이지만 동시에 기존 건물의 재생을 위해서도 매우 중요한 것이다.

주택단지 재생기금은 개별세대의 현대화를 비롯해 구조·배치·환경 등의 물리적 개선에 투입되었는데, 주로 안전성 및 보안의 향상과 에너지 절약, 그리고 보다 많은 커뮤니티 시설을 확충하는 것이었다.

이러한 주택단지 재생은 물리적 개선뿐만 아니라 사회경제적 측면을 고려하여 이루어졌다. 1980년대 유럽의 주택단지 재생은 물리적 측면과 함께 사회경제적 측면에서 이루어지고 있음을 주목할 필요가 있다. 고용창출의 기회를 촉진하기 위해 커뮤니티 워크숍을 위한 건물이 지어졌으며, 오래된 집들을 단계적으로 철거하고 주민들을 새로운 중저층 주택에 순차적으로 이전시키는 것이었다.

주택단지 재생 과정을 통하여 경제를 활성화하고 지역사회를 안정시키고자 하는 데 초점을 맞추고 있으며, 특히 재생방식은 장기적 측면에서의 지속가능한 개발이 필수적인 것으로 간주되었다.

앞으로의 아파트 재생사업의 정책 방향은 그동안 아파트 정책에서 잘못된 것으로 판단되는 사항들을 보완해서 보다 지속가능한 도시주거환경을 가꾸어 나가는 절호의 기회로 생각해야 한다.

도시주거환경의 질적 회복의 기회로 삼아야 한다.

노후화된 재고 아파트에 대한 성능향상의 필연성에 비추어 풀어야 할 과제가 적지 않다. 노후공동주택 재생은 주민들 간 합의의 어려움과 재생자금에 관한 문제들로 인하여 진행이 쉽지 않다.

유럽 등 선진국의 공동주택은 시행착오를 거듭하면서 경험을 바탕으로 보다 나은 아파트로의 변화를 모색해 왔다고 할 수 있다. 그러나 우리나라는 아파트는 단수명 계획을 전제로 새로운 아파트로 옮겨 다니는 것으로 대응하여 주거성능문제가 그만큼 부각될 수 없었음을 프랑스 지리학자 줄레조 교수('아파트공화국', 2010)는 지적하고 있다.

도시재생은 결국 도시 주거지 재생에서 출발해야 하며, 따라서 주거재생은 도시재생 개념으로 보아야 한다.

베를린의 경우가 좋은 예라고 생각한다. IBA란 정부 공동출자 회사로서 베를린이란 도시를 재생하는 장기적 프로젝트를 위해 설립되었다. 통일 이전에 이미 동서독의 합의를 통해 진행해온 것으로 지금은 독일 전역에서 이루어지고 있다. 어떤 지역은 재건축과 재개발이 사업이 진행되고, 어떤 지역은 리모델링을 하는 등 선별적으로 사업이 수행되었다. 기본 슬로건 역시 Old & New로 하였다.

인구감소의 시대에 접어들고 있는 우리나라의 경우, 노후공동주택의 재생은 단순한 용적률의 확보가 아닌, 주민생활 중심, 가로와 연계를 통한 공공성의 확보, 사회적 통합개발, 체계적 관리, 지원시스템 구축, 중층 고밀화, 소규모 개발, 친환경 리모델링 등 질적 개발의 기회로 삼아야 한다.

지금부터는 주택수요 감소에 따라 새로운 상황이 요구될 것이므로, 그동안의 획일적인 물적 환경을 중심으로 하는 정비사업 위주보다는 지역 단위별로 통합적인 재생을 목표로 추진할 필요가 있다.

사업성과 시장논리만으로는 주거재생에 한계가 있다

주거재생은 이제 사업성보다는 주거환경개선으로 접근해야 할 때이다.

철거하고 새로 짓는데 익숙한 우리에게는 리모델링이 여전히 까다롭고 복잡한 개발방식으로 인식될 수밖에 없다,

따라서 국가가 개입하여 제도 개선과 법률 지원을 해야 한다.

1960년대 영국에서는 이미 주택개선의 방향이 환경 개선 코디에 의해 이루어졌다. 오래된 상업 시설의 현대화, 지역 주민 그룹에 의한 커뮤니티 활동의 촉진, 주택건설에 대한 지역 주민의 일자리 창출 등 다방면에 미치는 영향을 감안하여 진행되었다.■주89■ 우리도 이러한 통합적 관점에서 개선방안을 모색해야 한다.

말하자면, 다양한 주거유형을 혼합적으로 제시하고 생활권을 단위별로 정비하는 등 정주성과 주거안정에 목표를 둔 주거재생이 되어야 한다.

노후 아파트 특성에 따라 재건축, 재개발, 리모델링 등 어떻게 재생할 것인가가 면밀히 고려되어야 한다. 이를 위해서는 사전에 대상 주거단지에 관한 현장 연구가 철저하게 실시되어야 한다. 현 주민과 함께 현황에 대한 분석을 바탕으로 적절한 재생방안이 구체적으로 설정되어야 한다.

따라서 기술적 · 공간적 · 사회적 진단(이웃관계, 주민생활 등)을 기반으로 하여 시의원, 전문가 그리고 주민들 간 협의에 따른 사회복지 프로그램을 병행한 재생사업을 추진하는 것이 가장 효과적이다.

주민참여를 유도하는 의미에서 주민을 대상으로 리모델링 수법을 공모하는 방법도 가능하다.

신축 분양단지에 비해 장기간 거주하여 온 단지 주민의 거주를 위한 지속성 확보보다 사업성 제고에 치우친 리모델링 사업방식은 거주자의 폭 넓은 의견을 반영하는 데 한계가 있음을 인식해야 한다

노후 아파트 재생 전략

커뮤니티 활성화를 위한 노후 아파트 재생

지역공동체의 참여는 도시재생의 성공을 담보하는 핵심적 요인이 되고 있음을 생각해볼 때 사업성 논리로는 앞으로 주거재생이 어렵다는 것을 인식할 필요가 있다.

서구에서는 1970년대에 이미 커뮤니티 활성화를 통한 주택단지 재생의 실현이 좋은 본보기라 할 수 있다.

공동체 행사로 장례를 치르던
모습_70년대 아파트 단지
(남천 삼익/부산)
—
주민의식과 생활양태 연구
개별세대 공간은 고정적(static)인
데 반해 주민생활은 본래 일종의
동적(dynamic)인 과정인 만큼 생
활에 적합한 아파트 계획은 주민
의 생활양태에 관한 정확한 포착
에서 출발해야 한다.
건축공간과 주민들의 생활양태를
동시에 연관 지어 파악함으로써
문제의 근원을 파악하는 문화기
술학적 현장 연구 방법 (Ethno-
graphic Field Study Method)이
사용된다.

영국 건축가들은 커뮤니티 아키텍처의 개념을 통하여 주택단지 재생을 실현시켜 나갔는데, 이 개념은 1970년대에 개발되어 1980년대 초반 리 뷰 하우스(Lea View House)에서 성공을 거두게 된다.

영국 왕립 건축가 협회(RIBA)가 주도적으로 커뮤니티 아키텍처를 적극적으로 추진해 나갔으며, 1988년에는 전세 주택 관리인 협회와 공동으로 그 시대의 가장 우수 사례를 모아 '주민 참여(Tenant Participation)'라는 도서를 발간하였다.■주90■

그 책의 가장 중요한 포인트는 '활동에 요구되는 것은 무엇인가'라는 점이었다. 건축가는 기초적인 수준에서 주민과 의미 있는 대화를 하는 기술을 배워야 하며, 그룹이나 개인의 요구와 열망에 효과적으로 대응하기 위한 방법을 습득해야 함을 강조하고 있다.

당시 보건 장관 베빈(Aneurin Bevin)은 공영주택은 사회 모든 계층에 대해 유효하다는 것을 확신하게 되면서 1949년 지방 자치 단체가 노동자 계급에게만 주택을 공급하는 제도(Housing Act)를 폐지하고, 사회 계층과 관계없이 모든 계층의 요구에 적용 할 수 있도록 하였는데■주91■, 이것이 현재는 균형 있는 커뮤니티를 만들어 내는데 기여한 것으로 평가되고 있다.

싱가포르의 경우 인구가 과밀하지만 1층 공동체 공간에서 결혼식을 하거나 같은 장소에서 장례식을 치르게 하는 등 공동체 공간활용을 의무화하면서부터 이웃관계가 현저하게 개선된 사례가 있다.

그리고 영국 런던의 쥬익센터의 경우, 공동체의식이 희박해지면서 범죄율이 높아지고 슬럼화가 진행되어 공동체 공간 방치로 인한 슬럼화가 사회적 문

장례식 등 주민 행사를 위한 저층부 커뮤니티 시설 (타마/일본)

제가 되고 있음이 언론에 보도된 적이 있다. 이처럼 주택난 시기에 지은 대규모 아파트 대부분이 공동체 공간 실패에서 비롯되는 경우가 많다.

우리나라 아파트 단지 계획에 있어서도 이러한 공동체 공간 배분을 의무화하는 등의 제도적 보완이 필요하다.

주민 주도의 주민참여형 아파트 단지 재생의 효율성

거주자가 참여하는 재생사업은 그 효과가 적지 않다. 사업 주체 혹은 전문가가 모르는 정보들을 주민참여를 통하여 파악할 수가 있다. 사업이 끝난 후에도 공동체 활동의 활성화에 기여할 수 있는 가능성이 크다. 단순한 개축이 아닌 재생이 될 수 있어야 하며, 여기에는 주민참여의 중요성이 점점 커지고 있는 추세다.

우리나라보다 아파트의 역사가 오래된 유럽이나 일본의 경우, 노후 주거지의 재생은 기존 거주환경과 거주자 삶의 지속성 확보에 중점을 두면서 마을만들기의 개념을 도입한 '단지 재생'과 '에어리어 매니지먼트'의 관점에서 정책과 사업을 추진하고 있음을 주목할 필요가 있다.

거주자 각각의 생활상과 가치관을 반영하면서 원활한 합의형성을 도출하기 위해서는 주민 주도로 단지 재생 전략을 수립하고 단지 재생을 체계적·점진적으로 추진할 수 있도록 해야 한다. 이를 위해서는 의사결정과 합의형성에 대한 다양하고 세심한 제도적 지원책 마련이 필요하며, 무엇보다 주민참여를 통한 자발적인 사업으로 이루어져야 지속가능하다.

우리나라 사회도 저성장과 인구감소시대를 맞이하면서 그동안 관행이 되어 온 공급자가 수요를 찾는 방식은 실패할 확률이 높아졌기 때문에 주거재생도 맞춤형으로 가야 할 단계에 왔다. 시대가 바뀌었으니 기존의 방식은 작동되기 어렵게 된 것이다.

이를 위해서는 기술적 · 공간적 진단을 비롯하여 주민생활과 이웃관계 등 사회적 진단을 통한 주거의식과 생활양태 파악을 바탕으로 한 대상 거주민의 주 요구 포착이 매우 중요하다.

다만 주민들은 리모델링보다는 수익성 측면에서 재건축에 대한 기대심리가 크기 때문에 경제성보다는 주거환경의 질적 개선을 위한 의식전환이 일어나기에는 다소 시간이 걸릴 것으로 판단된다.

도시 사회적 요구에 대응한 현실성 있는 재생

앞선 여러 가지 연구 결과에 의하면 주거단지의 품질을 결정짓는 가장 중요한 가치는 주택 밀도의 최대화가 아니다. 일반적인 양적 개발 시대 관행에 따라 주택 밀도를 높이기만 한다면 주거단지는 주민의 편안함을 보장하는 다른 중요한 지표를 잃게 된다는 점을 염두에 둔 재생이 이루어져야 한다.

실제 선진국에서도 단지 재생이 신축보다 경비가 많이 드는 경우가 드물지 않은 것으로 알려져 있다. 따라서 효율적이면서 경제적인 경비절감형 리모델링 기술의 축적이 필요하다.

오늘날의 주거재생은 사업 주체만으로는 해결이 곤란한 경우가 많기 때문에 일본의 경우와 같이 NPO(특정 비영리 활동법인, 비영리 협동조합)의 도움으로 진행하는 것을 장려할 필요가 있다.

또한 인구감소와 더불어 저성장기에 접어든 요즘 상황에서는 증축이 아닌, 세대 분할 혹은 축소, 심지어는 감축이 더욱 현실적 방법일 수 있다. 또한 입지적 특성에 따라 그 지역에 필요한 커뮤니티 시설이나 공공시설 등으로의 용도 변경을 통한 실질적인 노후공동주택의 재생을 고려하는 것이 현실성 있는 리모델링 방안이 될 수 있다.

이를테면 단지 전체의 재생 마스터플랜 수립을 바탕으로, 지속적이고 점진적인 단지 재생이 이루어질 수 있도록 단지별 현황 파악과 이를 근거로 한 재생 매뉴얼의 수립 등을 지자체 차원에서 제도화하는 것도 하나의 방안이 될 수 있다.

현 상황에서는 각 구별로 구청에서 노후 아파트 전반에 관한 조사와 함께 단지별로 주거관리계획을 세우도록 유도하는 제도가 필요하다. 준공 시기를 기준으로 하면 수선주기 설정이 가능할 것이며, 각 단지별 수선 및 유지관리 계획(구조와 설비뿐만 아니라 유지관리와 정주성까지를 포함한)을 설정하도록 하는 것이 차후에 본격적인 재생사업을 경제적이고 효과적으로 수행할 수 있는 선결사항이라 판단된다.

외국에서는 이미 시행되고 있는 방안으로서 도시주거 일부를 공공시설이나 복리시설로 개방하는 것도 하나의 방법이다. 따라서 도시 아파트가 지녀야 할 기본적인 공공성을 확보함과 동시에 가로의 활성화를 꾀하는 실질적인 리모델링 효과를 거두고 있다.

국내에서도 이와 유사한 취지로서 2016년에 '2025 서울시 공동주택 리모델링 기본계획(안)'이 제안된 바 있다.

내용은 '공공의 지원을 받아 아파트(공동주택)를 리모델링하고, 리모델링을 통해 증축된 단지 내 주차장 또는 부대·복리시설 일부를 지역사회에 개방하고 공유해, 공공성을 확보하는 방식'을 담고 있다.

이를 위해서는 각 지자체별 노후공동주택단지에 대한 전반적인 현장조사가 이루어져야 한다. 주민참여를 통한 의견수렴과 함께 조사 결과를 데이터화하는 것이 전제되어야 한다.

특히 우리나라 아파트는 시기별로 사용된 건축자재들이 전반적으로 획일적으로 사용되었기 때문에 경과에 따른 리모델링 가이드라인 설정이 가능할 것으로 판단된다.

주거재생을 위한 체계적 관리 지원 시스템의 구축

우리나라의 주택 공급은 대부분 민간에 의존해왔고, 민간시장을 어떻게든 활성화시키는 것이 주택정책의 주된 흐름이었다. 주택정책이 단순히 경기부양책의 도구로 사용되는 경우 많았으나 이제는 노후주택의 개선과 재생촉진을 유도하는 정책 수립이 요구된다. 특히 빈집이 증가하는 인구감소 상태에서는 지금까지의 신축에 의존해온 정책으로는 상황을 더더욱 악화시키게 될 것이다.

따라서 민간사업자들의 과거 주택정책의 경험 등을 살려 실효성 있는 시책을 수립하는 것이 필요하며, 재건축 재개발보다는 리모델링에 대한 지원정책을 보다 강화해야 한다.

우리나라의 아파트 리모델링도 미국의 경우처럼 소규모의 리모델링 관리 주체에 의해서 수행되거나, 관리하는 회사에 의하여 리모델링이 이루어질 필요가 있다. 단지환경에 대한 거주자들의 주인의식과 더불어 체계적인 관리계획을 통해 리모델링이 유도되어야 할 것이다.

이러한 맥락에서 건립년도에 따른 체계적인 리모델링 계획을 수립하고 순차적이고 부분적인 리모델링을 실시하여, 건물의 장수명화를 유도하여야 한다. 현재의 법적제도 안에서는 리모델링 사업성 확보가 어려운 상황으로 활성화를 기대하기가 어렵다. 따라서 적절한 건축규제의 완화를 통하여 리모델링도 수익성을 확보하도록 해야 하며, 이를 위한 규제 완화방안으로는 세대 이전, 세대수 증가, 1층 필로티화, 내력벽 철거 허용 등이 거론될 수 있다.

아울러 지속적인 교육과 홍보를 통한 재고주택 활용의 중요성, 리모델링을 통한 주거환경개선 가능성의 제시, 공동체의식을 고취할 수 있는 주민교육이 병행되어야 한다. 또 신축 시 리모델링을 고려한 설계의 도입은 정부 지원, 기업의 사회적 역할분담을 통해 추진되어야 한다.■주92■ 그밖에 세부적으로는 조합 규약, 표준 공사비, 계약관련 자료 및 기준 등을 조속히 마련해야 한다.

주거재생을 위한 체계적 관리를 위한 지원시스템의 구축이 필요하며, 전문가 상담이나 공사사례나 기술자 네트워크 관련업체 정보의 공유도 중요하다.

또한 전문가를 발굴지원하고 DB구축해서 상담과 지원을 하는 시스템 구축을 통한 소규모업체 육성 등 사회경제적인 측면을 동시에 고려한 지원시스템 구축이 필요하다.

주택단지 재생은 지방 자치 단체, 주택 협회, 민간 부문 간의 협력에 의해 이루어져야 하며, 사후 관리를 포함하여 중앙정부 차원에서의 정책수립과 지원이 필요하다.

이러한 과정에서 건축가들은 프로그램에 따라 우수한 프로젝트를 만들어내는데 적절한 역할과 기회를 찾아 참여하게 될 것이다.

이제는 모든 것을 '돈보다는 사람을 우선시하는, 삶의 질을 우선하는 사고로의 인식전환이 필요한 시점이라 생각된다. 정책도 이러한 인식의 바탕에서 설정되어야 한다. 시장경제 논리에 맡기기보다는 소프트한 프로그램으로 소규모, 서민층, 고령자, 그리고 주거마련이 어려운 젊은층를 위한 주거 문제에서부터 중산층까지 모두를 위한 주거정책이 이루어져야 한다.

현재 우리 사회의 주거문제는 너무 사회화, 정치화되어 있다고 할 수 있다. 어쩔 수 없는 사회적 상황이라 할지라도 사람 중심의 도시적 삶을 최우선으로 한 방향으로 나아가야 한다. 그것이 국가적으로는 가장 경제적이라 생각한다. 워낙 복합적이고 현실적 사안들이 다급하여 단기적 처방에 익숙해 왔다면, 지금부터는 장기적이고 총체적인 관점에서 접근을 해야 한다.

실효성 잃은
아파트 계획론과
건축가의 역할

Limitation of the apartment planning theory
and the role of architects

7

도움 안 되는 아파트 계획론과 건축가의 한계
계획론의 개선 방향과 건축가의 역할

아파트란 단일건물이 아니라 도시를 구성하는 단위요소로서 도시설계 차원에서 접근해야 할 대상이다. 아파트 계획론은 도시, 건축, 환경 및 사회 문화 등의 다양한 분야의 이론이 합쳐진 통합적 계획론으로 재구성되어야 한다.

문제는 '주택을 삶의 터전으로서보다는 재산 가치로 인식하고', '공동체를 위한 공간보다는 개인의 전용공간을 중시하는' 주거공간에 대한 사회적 관념과 가치체계가 자리 잡고 있는■주93■ 현실이다. 이러한 상황에서는 어떤 건축 계획론도 실효성을 갖기 어렵다.

건축디자인은 모더니즘 이후 단일 건축물에 대한 디자인에 집착하는 경향을 보임으로써 현대에 와서는 건축가의 역할과 범위가 점점 축소되고 있음을 볼 수 있다. 이것은 모더니즘적 미학적 사고의 한계와 더불어 도시의 장소성■주94■의 구축이라는 사회적 요구가 점점 커지고 있기 때문이기도 하다.

아파트 계획론은 다양한 분야가 통합된 지속가능한 계획론으로 재편집되어야 한다. 지속가능한 계획론을 발판으로 차세대 건축가들은 사회적으로 다시 한번 중요한 역할을 맡게 될 것이다.

도움 안 되는 아파트 계획론과 건축가의 한계

기능성 중심 계획론의 현실적 한계

시장경제 논리 속에서 맥을 못 추는 주택 계획론의 허약성

건축은 건축물 자체의 형태와 공간 디자인 이외에 그 디자인계획안이 도시의 어떤 장소에 관한 시각을 바꾸고, 도시공간의 가치를 어떻게 창출할 것인지에 대한 검토를 병행해야 할 필요성이 점점 커지고 있다. 더구나 도시공간형성에 커다란 영향을 미칠 수밖에 없는 도시주거는 도시설계이론을 바탕으로 진행되어야 함에도 불구하고 획일적 개별세대 공간의 복제 등 주거공간을 단순히 양적으로만 양산함으로써 다양한 주요구 대응에 실패했음을 보여주고 있다.

그동안 우리나라 아파트 계획을 둘러싼 문제 상황의 상당 부분은 바로 이 주택 계획론의 허약함에서 비롯되었다■주95■고 할 수 있는데, 그것은 아파트를 재산 가치로만 인식하고 있는 전반적인 분위기와 이를 종용해온 시장경제 논리 속에서는 어떠한 논리적 계획론도 기능을 작동할 수가 없었다는 점이 근본적인 원인이라 할 수 있다. 또한 근대적 기능주의를 근간으로 하는 아파트 계획론은 그동안 복잡해진 아파트 개발 현실을 포괄하기에는 내용이 단순하고 전문성이 부족하여 설계실무에서 활용하는 경우가 드물었던 것도 사실이다.

이러한 상황에서 설계를 위한 원론적 제안은 현실성이 없어 보이며, 외국 사례의 단순 모방 등은 실효성을 갖기가 어려울 수밖에 없다.

아파트 계획 프로세스에 있어서도 경제성과 사업성 중심의 공급 구조 속에서는 단지별로 주거동 배치계획, 주동계획, 단위세대계획 그리고 동선계획 등이 각각 분산되어 이루어지는 것이 관행화되어 버렸다. 이것 또한 대규모 주거단지를 통합적인 관점에서 환경의 질적 향상을 도모하기가 힘들어지는 원인■주96■이 되고 있다.

규범적 표준설계의 한계

근대주의시대가 끝나갈 무렵 1970년대 서구의 도시공동주택은 그동안 주요 관심사였던 주호공간 위주의 주택연구에서 주호와 주동과의 관계, 주동과 외부공간과의 관계, 주택단지와 도시와의 관계를 중시하는 좀더 맥락적인 주거 연구가 요구되었다. 근대주의가 표방하는 규범적 모델 (Modéle) 개념에서 다양한 유형(Type)의 개념으로 전환이 이루어졌으며, 도시형태에 적합한 건축형태의 창출 등이 관심의 대상이 되었다.

이러한 현상의 배경은 전통과 진보, 형태와 기능, 맥락과 오브제라는 합치되기 어려운 두 개념의 변증법적 대결의 일환■주97■으로도 보이고 있다.

일본의 경우 1980년대에 들어서 공동주택 역시 효율을 우선한 양적 확보에서 인간성을 중시한 주택의 질적 확보로 그 목표가 전환되면서, 새로운 주거 디자인 방법론을 포함한 라이프스타일 등 소프트한 것에 관한 제안들이 등장하게 되었다.

초기에도 지역의 기후와 풍토를 기본적으로 지역성을 고려하긴 하였으나, 본격적인 지역성에 관한 대응은 1980년대 지역에 뿌리내릴 수 있는 주거지 계획을 목표로 한 HOPE계획을 통하여 전국적으로 진행되었다.■주98■

세부적으로는 주택의 집합수법과 관련하여 영역성 연구를 통한 주동배치 계획의 수법, 고층 주택의 반공적 공간으로서의 공중 광장, 타운하우스의 공용 정원, 고층형 타운하우스의 채광 및 통풍을 위한 광정, 지방의 집합주택 계획의 특성화를 위한 지역성 연구, 주요구의 변화와 다양화에 대응하기 위한 순응형 주택, 주택의 2단계 공급방식으로서의 프리플랜, 주민이 참여하는 주거 계획 방법으로서의 코프라티브 주택, 고령자 주거, 독신자를 위한 원룸 등 다양한 연구가 진행되었다.

우리의 경우도 지금까지의 단위주호 중심의 획일적인 상자형 공용주택에서 탈피하여 어떤 주거환경을 그 지역에 알맞게 형성할 것인지, 혹은 케어가 필요한 고령자를 위한 주택은 어떻게 계획되어야 하는지, 개성 있는 주택을 어떤 방법으로 디자인할 것인지에 관한 연구가 필요하다.

도시주거 문제에 있어 건축가 역할의 한계

서구근대 선구적 건축가의 주거문제에 관한 태도에서 배우는 교훈

모더니즘의 발생과 더불어 1920년대에서 1930년대에 걸쳐 서구 유럽에서는 공동주택문제가 주요 이슈로 떠올랐고, 철저한 기능주의적, 과학적, 합리적, 수학적 사고방식을 바탕으로 한 공업화의 실험으로서 다양한 접근이 이루어졌다.

20세기 초기인 이 시기에는 근대 도시의 조건을 전제로 한 도시주택 분야 어디에도 선구적 건축가가 참여하지 못했지만, 모더니즘이 절정기를 막 지나던 1930년대 이후부터는 건축가들이 도시 사회적 측면에 관심을 기울이기 시작하면서 도시집합주택의 실험에 참여하게 된다.

일반 디자인과 생태디자인과의 비교를 통해서 본 건축디자인개념의 변화

	일반적 디자인	생태학적 디자인
사상적 기반	요소환원주의/결정론	전일주의/다원주의
윤리.가치기준	무가치적합리론/인간중심주의/절대미-모더니즘	가치적 생태학/진화적 애타윤리/적합성-포스트모더니즘
주요디자인 변수	형태/기능/구조/공간/재료	인간/장소/관계성
미의 개념	감상물로서의 형태미/모더니즘 기능미	생태적 미학/참여적 미학/녹색미학
주요디자인 척도	폐쇄적 지식구조의 내부적 가치체계	사회문제와의 관련성
디자인의 의미	최종적 결론으로서의 디자인: 디자인에 의해 결정되는 구조	하나의 수단으로서의 디자인: 디자인과 상호작용 하는 구조
학문적 관계	수직적 계층관계	평등적 순환관계
협력 형태	다중적 지식체계(종합적 개념)	학제적 (포괄적 개념)
디자인개념 구조	폐쇄적 구조	개방적 구조
문제해결의 개념	문제해결 과정으로서의 디자인	발전적 진화의 과정으로서의 디자인
교육의 주안점	Know-how:다양한 유형에 대한 연습, 형태적 질서부여, 이미 디자인된 것들	Know Why:다양한 방법에 대한 경험, 과정에 대한 질서 부여
이론의 역할	절대적 교의	참고적 작업가설
평가체계	디자인계가 정한 디자인 기반	디자인계는 물론 사용자, 대중에 의해 실제로 증명된 사례적 기반
디자이너의 자세	엘리트적 개인주의	대중적 평등주의
성향	미래지향적	과거로의 회귀적
시기	1970년대 전후(오늘날까지)	1990년대 이후

〈참조 : Janis Birkeland, 'Design for Sustainability',2002 p.18〉

그러나 근대 산업화사회로 변모하는 과정에서 건축가들이 지녔던 근대주의적 신념이 이상적 사회를 실현하기에는 역부족이었고, 그 실패는 건축가의 개인적 경험■주99■으로 기억되고 말았다. 이러한 경험을 사회적으로 건축가들이 그 후로도 공유할 수 있었더라면, 오늘날 복잡한 도시환경개발 프로세스 과정에서 그 역할이 확장되었겠지만 그렇게 되지 못했다.

이러한 면에 대해서 영국 건축가 맥스웰 프라이(Maxwell Fry)는 전후의 기술이 건축가들이 흡수할 수 있는 능력을 능가하는 속도로 진행됨에 따라 건축가들의 역할은 그만큼 사회적으로는 약화된 것■주100■을 지적하고 있다. 말하자면 20세기의 현저한 기술적 변화에 대응한 근대 건축가들은 도시주거에 관련된 문제들을 처리할 수 있는 역할과 권한을 건축주와 관공서로부터 부여받았지만, 결국 사회적 변화와 기술적 진보에 비추어 건축가들이 대응할 수 있는 능력은 역부족이었던 것이다.

알톤 주거단지 Alton Estate
(런던/영국)

예컨대 영국 런던에 소재한 알톤 주거단지(Alton Estate)는 당시 미적인 측면에서는 최고의 주거단지로 평가되었고 런던에서 가장 관리가 잘된 주거단지로서 사회적 결합을 성취하고자 한, 본래의 취지를 바탕으로 새로운 커뮤니티를 창조하려 한 인상 깊은 사례로 남아있다. 건축가들은 도면과 모형을 통하여 거주자의 생활에 대해 고려하였지만, 1980년 영국의 사회주거에 불어닥친 사회적 침체와 반달리즘에 의한 문제로부터 자유로울 수는 없었으며 결과적으로 오늘날의 관점에서 보면 실패한 것으로 평가되고 있다.

프랑스의 경우는 1972년부터 서민주택에 있어서 질적 향상을 도모하고자 정부가 내걸은 P.A.N.(Programme Architecture Nouvelle, 신건축 프로그램)■주101■이라는 공모 제도를 제안하였다. 이 공모제도에서 제안되고 실현된 주택건축을 통해 그동안의 규범적 표준설계를 타파함으로써 건축적 혁신의 가능성이 확대된 점을 주목할 필요가 있다. 그 내용은 각 지방 어디서건 100호 이상의 주거단지를 설계할 때에는 반드시 설계경기에 붙이도록 한 것이었는데 이것은 70년대를 통해 개발되어온 도시 계획에 대한 새로운 개념을 도입할 수 있는 기회가 젊은 건축가들에게도 열리는 계기가 되었다.

즉 공동주택을 위한 표준설계에서 도시맥락적 생활적합형으로 변화를 촉진하는 계기가 되었던 것이다. 규범적 모델개념을 벗어나 도시맥락을 중시한

도시맥락 중시형 도시형주거
오뜨포름_포참팍 (파리/프랑스)

도시가로의 흐름을 단지 내로 연계시킨 오뜨포름 (파리/프랑스)

도시형 아파트로는 건축가 크리스찬 포참팍의 오뜨포름이 대표적으로 알려
져 있다. 도시가로의 흐름을 단지 안으로 연계시키면서 외관은 주변맥락과
자연스레 조화를 이루고 있음을 볼 수 있다.

일찍 근대도시개발을 경험한 프랑스에서는 우리나라와는 달리 역량 있는 건
축가라면 누구나 한 번쯤 다루어 보고 싶어 하는 대상이 공동주택이라고 하
는데, 여기에는 공동주택계획에 건축가들을 적극적으로 끌어들이는 PAN과
같은 제도가 뒷받침되었기 때문이라고 할 수 있다.

70년대 후반 일본 주거시장 변화와 건축가의 역할

일본의 경우 고도성장기에는 대량공급을 위한 배치계획과 주동계획의 표준
화가 지상과제였다.

그러나 70년대 중반에 들어선 일본은 고도성장의 막이 내리면서 이러한 방향
의 주택정비공단 사업도 멈추게 된다.

일본의 아파트는 70년대 후반부터 단순구조를 벗어나고 있음을 볼 수 있다.
70년대 후반 공단이 건설한 타운하우스 중 최초의 타운하우스는 나가야마 타
운하우스로, 치열한 경쟁률과 높은 가격으로 인하여 논란이 있었다. 미국의
교외형 타운하우스를 참고하면서 각 주호마다 전용정원을 설치하여 독립성

을 확보한 4개의 접지형 주택 타입을 조합하여 2층과 3층 주동을 남측 방향으로 배치하는 등 다양한 변화와 조화로운 주택경관창출을 하였다. 공단은 이러한 접지층 해결을 위한 정책적 도전이 성공을 거둔 셈이 되었다.

지역 고유의 환경을 지키려는 주택계획이 시작되었고, 민간 사업자에 의한 새로운 아파트 개발과 대중화의 진전이 이어지면서, 지속적인 주택촉진정책이 결실을 맺게 되었다.

그러나 이는 하루아침에 정립된 것이 결코 아니었다. 서구사회 역시 전후 재건과 주택 결핍의 시기에 불가피했던 물량공급의 요구에 밀려 주택건축이 공업생산에 예속되었던 시기도 있었으나, 점차 주택의 양적 충족이 이루어짐에 따라 질적 추구가 요구되면서 비로소 공동주택건축이 모든 건축가의 관심사가 되기 시작하였던 것이며, 그것은 서구 근대건축 1970년을 전후한 일이었다.■주102■

즉 건축가들은 도시공동주택 개발이 지닌 사회적 속성에 관한 이해가 부족하고, 복잡한 사회적 요구에 대응하는데 익숙치 못한 것이 실상이라고 할 수 있다.

우리 사회의 건축가들이 도시주택개발에 참여하면서도 건축주인 관공서 혹은 민간 개발사로부터 받는 대우가 부족하게 느껴지는 것은 서구 근대건축가들처럼 시대적 변화에 따른 대응능력에 있어 그만큼의 역할밖에 하지 못하고 있음에서 비롯된 것이라는 점을 인정할 수밖에 없는 것이 현실이다.

건축가의 감성적 신념에 따라 자신만의 방법론으로 구축된 건축관이 사회적으로 볼 때는 그만큼 좁은 시각이 될 수밖에 없기 때문이기도 하다. 이러한 선진사회의 경험이 근대화 이후의 오늘날 우리 사회에서도 동일한 현상으로 나타나고 있음이 흥미롭다.

아파트 계획론의 개선 방향과
건축가의 역할

계획이론의 개선 방향

도시 설계론과 건축 계획론의 통합적 디자인 방법론으로

도시주거로서 아파트는 도시의 형성과 함께 시작되었다.

따라서 아파트 디자인계획은 도시디자인의 개념과 통합된 계획론으로 재구성되어야 한다.

도시디자인의 관점에서 아파트건축을 살펴보면, 사람들을 위한 장소로써 새로운 아파트 개발은 현존하는 도시 지역의 질을 향상시킬 수 있어야 하며, 주변의 자원을 이용하여 쾌적함을 최대화 할 수 있어야 한다. 그리고 아파트 프로젝트는 다양하고 통합적인 용도와 형태로 디자인되어야 하며 경제적으로 투자가치를 지니면서도 미래의 도시변화에 대응할 수 있도록 매우 유연해야 한다.

건축디자인과 연계되어야 할 도시디자인의 기본적인 항목으로는 지역적 맥락, 도시 구조, 교통수단과의 연계, 도시건축물과 장소 디자인 등을 들 수 있다.

예컨대 지역적 맥락이란 계획하고자 하는 아파트가 위치할 지역의 특성과 배경을 의미한다. 지역적 맥락에 대한 전반적이고 철저한 조사와 평가는 독특한 아파트 주거지역을 계획하는 시발점이라 할 수 있다.

설계자는 제안된 아파트 개발계획이 지역사회를 저해하지 않고 보다 견고하게 할 수 있도록 해야 하며, 지역 고유의 유산과 자원을 기반으로 하여 개성을 지닌 주거공간을 형성하도록 해야 한다.

도시 구조라는 말은 도시 지역의 경관을 구성하는 개발 지역의 구역(block), 거리, 건물, 공개 공지, 조경들의 패턴이나 배치(arrangement)를 일컫는다. 도시구조는 이동체계, 용도의 복합화, 밀도와 시설, 에너지와 자원의 효율성 등이 관련되어 있으며 이러한 요소들이 공간을 형성하기 위해 서로 맺고 있

는 특정한 성질보다는 모든 요소 간의 관계에 초점을 맞추고 있다. ■^{주103}■

이동체계의 계획은 가능한 도보, 자전거, 혹은 대중교통을 이용하는 것이 자가용을 쓰는 것만큼 편리한 도시주거환경이 형성되도록 해야 한다. 용도의 복합화는 주거 이외에 다양한 건물들로 인해 시각적인 자극이 즐거움이 주어지는 것을 말하며 생활방식이나 건물 양식에 있어 소비자에게 다양성이 주어짐으로써 도시의 활력을 불러일으키고 아파트 공간과 건물이 효율적으로 사용될 수 있도록 하는 것이다.

도시디자인에서는 단위건물도 하나의 장소를 만들기 위한 요소로 파악하는 경향이 강하다.

예를 들어 아파트 건축물과 공공 공간의 디자인을 연계하여 접근할 것을 강조한다. 특히 그러한 것들 간의 상호작용(interface)에 의미를 둔다. 아파트의 입면과 모서리 처리, 지붕라인, 재료와 질감 등을 포함한다. 공공영역의 가로와 포장, 식재, 가로시설물, 조명까지 통합적으로 다룰 것을 권장한다.

따라서 건축디자인 프로세스에서 이러한 도시 디자인적 접근 태도와 항목을 함께 다루게 된다면, 도시공간에 아파트 건축이 들어서게 되면서 놓치기 쉬운 공공성에 관한 내용을 함께 다룰 수 있게 된다는 점에서 통합적 접근이 필연적이라 판단된다.

또한 주거환경의 질적 향상을 도모하기 위해서는 아파트 계획 프로세스에 있어서 단지별로 주거동 배치계획, 주동계획, 단위세대계획이 각각 별도로 다루어질 것이 아니라 통합적으로 접근하여야 한다. 예를 들어 주거동간의 인동간격도 단순히 일조와 프라이버시 확보를 위한 것이라기보다는 동과 동사이 공간이 중정기능을 갖거나 가로의 개념을 내포하는 것으로 보아야 한다. 주거동 사이의 공간은 주거동건물과의 연계성을 갖일 수 있도록 통합적으로 접근하여야 한다. 따라서 아파트 디자인 계획론은 도시디자인의 개념과 통합된 계획론으로 재구성되어야 효율성을 발휘할 수 있을 것으로 판단된다.

지속가능한 아파트 디자인론이어야 한다

지속가능성(sustainability)이란 유지관리에 필요한 과도한 조건을 다음세대에 부담 지우지 않도록 하기 위해서 경박한 설계나 시공, 그리고 잘못된 건축

기준으로 인하여 건축물에서 야기될 수 있는 잠재적인 위험을 사전에 방지하는 데 목적이 있다. 그동안의 편리성 중심의 기능보다 통합적인 성능으로서 장기적 가치를 지닌 결과를 얻고자 하는 것[주104]이라고 할 수 있다.

지속가능한 건축의 개념은 환경, 건강, 안락 세 가지를 중심으로 경제, 사회, 문화라는 요소를 포괄하는 확장된 개념이다. 경제적, 미적 개념에 덧붙여 환경적인 면과 인간의 건강과 복리문제를 중요하게 다루고자 하는 총체적 접근이라 할 수 있다.

또한 지속가능한 아파트 디자인론은 지속가능성의 목표를 기반으로 이루어져야 하며, 지속가능성의 목표는 경제, 사회, 환경 측면에서 다음과 같이 설정할 수 있다.[주105]

첫째, 경제적 측면에서는 상업적 실행가능성 강화를 위한 공공성의 다양성 증진, 재생가능 에너지원 개발과 에너지 물 소비의 최소화를 위한 인프라의 제공 등 효율적이며 도덕적인 경쟁, 운송수단의 효율적인 연계를 통한 우수한 운송시설 제공 등을 들 수 있다. 둘째, 사회적 측면에서는 공동체 활동을 위한 질적 건물개발을 통한 적절한 공공서비스의 제공, 복합 개발과 질적 건물개발을 통한 고용기회의 확대, 주택소유방식과 유형적 복합개발을 통한 주거 수요 대응 주택 제공, 서비스, 작업, 레저, 주거생활을 위한 다양한 교통 제공을 통한 우수한 접근성의 제공 등을 들 수 있다. 세 번째, 환경적 측면에서는 재생 가능 재료사용과 에너지 목재 풍력 태양전지의 활용, 그리고 쓰레기를 최소화할 수 있는 디자인 개발 등 자원 사용의 최소화와 공공운송, 보행, 자전거 기반시설 제공과 에너지 소비 최소화 건물 디자인을 통한 오염의 최소화, 생물의 다양성을 증진 등을 들 수 있다.

지속가능한 아파트 디자인 계획론은 아파트의 계획된 수명을 넘어 거주자의 안락과 건강 유지에 관련된 내용이 포함되어야 한다. 이를 위해서는 컴팩트(compact)하고, 고밀도이어야 하지만, 고층이 아닌 형태의 환경조건을 갖추어야 하며, 거주, 일, 여가, 그리고 쇼핑 지역이 중복되는 복합적인 대지 사용이 이루어져야 한다 그리고 아파트 디자인의 기본방향은 대중교통수단과 결합되어야 하며, 잘 구획된 공용공간 조성이 필요하다. 재생가능 에너지(바람, 태양 등) 공급을 위한 개발이 되어야 하며, 주택단지와 주변 자연과의 통합

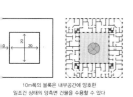

10m폭의 블록은 내부공간에 양호한
일조건 상태의 양측면 건물을 수용할 수 있다

가로형의 기본개념

을 이루면서 도보와 자전거사용이 원활한 주거단지로 조성되어야 한다. 아울러 보안강화를 위한 스마트기술 사용에 관한 내용이 포함되어야 한다. 이러한 사항들은 지속가능한 아파트조성을 위한 기본적인 디자인 조건[주104]이라 할 수 있다.

주민의 삶과 도시 활동이 밀접하게 겹치는 공동체를 가능하게 하는 것은 결국 디자인의 힘이다. 새로운 지속가능한 공동체는 개발자 혹은 개발조직이 주도 하는 것이 아니라 디자인이 되어야 하는 문제이다. 말하자면 경제성을 지니면서도 건강하고. 사회적 요구에 대응할 수 있는 공간을 창출해내는 것이라 할 수 있다.

쾌적한 주거생활이란 주거지를 청결하고 위생적으로 디자인하는 것뿐 아니라 거주지와 주거환경 속에 육체적 건강, 정신적 건강, 사회적 복지 모두 고루 충족시킬 수 있어야 한다. 그러므로. 쾌적한 주거란 질병으로부터의 피난처뿐 아니라 건강향상을 위한 생활환경으로서의 주거를 요구하고 있다.

컴팩트한 지속가능한 아파트 디자인론으로

오늘날 유럽인구의 4/5가 도시지역에 살고 있으며 최근 거대한 지역적 네트워크를 형성하면서 시골지역으로 확산되고 있다. 따라서 유럽통합위원회(EC)와 전문가들은 이러한 도시 확산과 자원낭비에 대해서 경고를 보내고 있으며, 잠재적인 해결방안으로서 지속가능하면서도 컴팩트한 도시개발을 제안하고 있다.

특히 도심은 밀도가 가장 근본적인 문제라고 할 수 있는 만큼 기능이 복 합화된 고밀 압축형 공동주택이 요구됨을 알 수 있다.

고밀 건물은 사회적 문화적 경제적 상호관계를 증진시킴으로서, 도시 활동을 강화시키는 장소를 창출해내는 데 효과적이며 교통에 대한 요구를 줄임으로써 토지이용률을 높일 수가 있다. 이러한 컴팩트함은 지속가능성을 지원할 수 있다.[주105]

이러한 새로운 주 요구에 대응할 수 있는 보다 지속가능한 유형의 디자인은 관련 분야와 연계 검토될 수 있다. 도시와 건축 그리고 환경 분야가 연계된 디자인 방법으로 일조, 바람, 에너지, 공개공지 등의 요소들을 통합적으로 검토함으로써 설계과정에 있어서 실효성 있는 지속가능한 고밀 압축형 (compact) 공동주택 유형을 제안할 수 있다. 말하자면 공동주택계획론은 도시, 건축, 환경 등의 분야가 통합된 디자인 방법론으로 재편성되어야 개발 사업의 현실에서도 그 실효성을 발휘할 수 있으리라 판단된다.

또한 지속가능한 아파트 주거의 실현은 기술상의 문제라기보다는 개발자 혹은 소비자의 태도에 달린 문제라고 할 수 있다.

예컨대 건축주나 소비자 모두가 에너지 절약을 위한 친환경 디자인에 기꺼이 투자를 하지는 않는다는 점을 염두에 둘 필요가 있다.

각방의 천장 높이를 일정하게 하지 않고 변화를 주는 것은 인간의 삶에 있어서 심리적으로 중요한 의미를 지닌다. 획일적인 아파트 공간에 매력적인 공간을 부여함으로써 복고풍의 전통적인 공간 등 인간적이고 감성적, 문화적 공간감을 풍요롭게 할 수 있는 방법으로 시도될 수 있다.

폐쇄적 단지 계획론에서 가로 연계형 계획론으로

가로형 주동유형에 관한 연구는 밀도와 연계하여 1960년대에 이미 시작이 되었다.

밀도와 관련된 이론적인 디자인 모델로서 가장 큰 영향을 미친 것은 1960년대에 캠브리지 대학의 레슬리 마틴과 라이오넬 마치가 연구개발한 수학적 모델이다. 여기서 이들은 중저층 주동이 고층 주동과 같은 밀도를 확보할 수 있음을 증명하였다. 그들의 연구는 '도시의 공간과 구조, 1972년'로 출간하여 '중정형 공동주택(Courtyard Housing)'과 '페리 미터 하우징(Perimeter Housing)'의 발전에 기여했다.

동일한 부지에 가설적인 모델을 적용해 보았을 때 중정형(Courtyard Housing)이 탑상형 주동 주호의 몇 배를 확보할 수 있고, 테라스하우스의 1.5배 이상의 주호를 확보할 수 있음을 증명하였다. 이것은 Bishopfield 및 Setchell Road에 실현되었으며, 서지 샤마이에프와 크리스토퍼 알렉산드의 '커뮤니티와 프라이버시 1963년'에 계획이론으로 서술된 바 있다. ■주106■

페리미터 하우징(Perimeter Housing)'의 원리는 '프레스넬 사각형' 기하학에 근거한 것이다. 그것이 건축 언어로 번역되어 녹지 안에 링 모양의 배치 형태를 가진 중저층 집합주택으로 계획되었다.

이것은 녹지에 대해 독립적으로 세우는 탑 모양의 주동에 비해 보다 많은 주호를 확보하는 것이 가능함을 보여주는 것이며, 이 개념을 사용하여 리차드 매코맥은 머튼 지역의 워터미즈(Watermeads)와 구엔토의 다프린(Duffryn)을 계획했다.[주107]

이러한 가로형 계획을 위한 연구와 함께 적정 용적률을 확보할 수 있으면서도 다양한 주동유형에 관한 내용이 계획론에서 다루어져야 한다.

아파트 건립 과정에서 건축가의 역할 찾기

서구와 일본의 근대화 시기 건축가의 입지변화의 교훈

1차 대전 이전까지만 해도 건축가란 창조적인 통찰력과 그가 표현하고자 하는 의미의 전달수단인 양식상의 형태 언어를 바탕으로 인간이 필요로 하는 것을 해석하는 예술가로서의 역할이 명확했다고 할 수 있다. 당시 건축가는 사회적·종교적·정치적 신념을 지닌 사람으로 인식되고 있었으나, 20세기 초 현저한 변화를 감수해야만 했다.

20세기 이후 건축가의 역할은 점진적으로 변화하였으며, 이에 따라 건축가와 건축주 그리고 사용자의 관계도 변화하였다. 이러한 변화는 대량주택의 전반적인 발전뿐만 아니라 산업혁명과 함께 나타난 사회적인 변동에 따라 생긴 일이라 할 수 있다.[주108]

주로 설계와 관련된 '건축적인 신념체계'가 대량주택개발과 같은 광범위한 범위의 업무수행과 건축주들에게는 그다지 큰 도움을 주지 못하고 있다는 점은 오늘날 우리나라 현실에서도 동일하게 나타나고 있는 현상이다.

당시에 이미 경제적·사회적 요소들이 미학적 설계문제 보다 더욱 중요하게 인식되었다는 사실은 현 우리나라 도시주택 개발 상황에서 설계의 비중이 그다지 크게 인식되지 않는 점을 이해하는 데 도움이 된다.

일본의 경우 공동주택의 새로운 가능성을 열어 보인 것은 건축가의 힘이었음을 보여주는 사례가 있다.

1960년대 일본의 주택공단은 표준설계를 최우선으로 생각하다가 한계에 부딪친 나머지 공동주택 시장에서 주도권을 잃어갔다. 1965년에는 일본 동경의 타마 등지에서 대규모 뉴타운이 진행되었지만 공단의 역할의 종말과 함께 공동주택 계획이 위기를 맞이했을 때 공동주택의 새로운 가능성을 열어보인 것은 건축가 마키 후미히코의 '다이칸 야마 집합주택'이었다.

1973년부터 시작된 이 가로변 임대주택계획은 가로변의 중간에 개방된 통로를 마련함으로써 가로의 흐름을 내부로 끌어들임에 따라 도시의 맥락을 주목

다이칸 야마 단지 보행자 도로
(도쿄/일본)

다이칸 야마 집합주택 (도쿄/일본)

함으로써 집합주택단지의 폐쇄성을 성공적으로 타파한 것이다.

새로운 집합주택의 하나로서 이곳은 동경의 명소가 되었고, 일본주택공단에서도 접지형 주택의 도시 맥락적 모색을 정책적으로 추진하게 된다. 이러한 사례는 우리네 공동주택의 여러 가지 쟁점을 해결해 나가는데 건축가의 역할을 기대할 수 있음을 보여주는 사례라고 할 수 있다.

이를 계기로 일본주택공단에서도 접지형 주택의 도시 맥락적 모색을 정책적으로 추진하게 된 것 중 하나가 나가야마 타운하우스라고 할 수 있다.

이처럼 서구 근대화 시기 사회적 변동에 따른 건축가의 입지 변화는 우리나라 현 시대적 상황에서 매우 유사한 현상이 나타나고 있음을 확인할 수 있다. 즉 우리나라의 근대 산업화 이후 기존의 건축설계의 개념으로 도시주택 개발과정에서 일어나는 경제적·사회적 쟁점까지 포용하기에는 어려운 사회적 상황으로 변모하였기 때문이라고 할 수 있다.

예를 들면 개발단계에서 밀도와 개발형태에 대한 기본적인 사항이 결정된 후에 형태는 결정적인 요소라기보다는 선택할 수 있는 여러 대안 중 하나일 뿐이라는 것이다. 오히려 기능적 설계보다는 설비의 선택범위가 점점 증가하고 있음이 이를 대변해 주고 있다.

이러한 측면에서 볼 때 지속가능성이란 새로운 에너지와 생태학적 이해의 잠재력을 해결할 수 있는 열쇠로서 아파트 디자인과 같은 대규모 설계 분야에 있어서 건축가들의 역할을 크게 확장하게 할 것으로 판단된다.

타마15주구 타마뉴타운
(도쿄/일본)

타마15주구 1층주호 출입문
타마뉴타운 (도쿄/일본)

타마15주구 개방형 거실
타마뉴타운 (도쿄/일본)

아파트 개발 관련자와 건축가 사이의 바른 관계 설정

공동주택 개발과정에는 건축가와 더불어 지자체 공무원, 정치인, 주거전문가, 개발자, 투자자, 건설업자 등 많은 사람이 참여하게 된다. 이들 모두는 하나의 장소를 창출하기 위해서 모인 것이라 하기보다는 개발 사업을 생성하는 시스템에 서로 뒤얽혀 있다고 할 수 있다.

때로는 개발 사업이 진행되면서 기본컨셉, 기본구상, 기본계획, 실시계획이 완전히 다른 기술적인 행정적인 가치관을 가진 담당자에 의해 진행되기도 한다. 즉, 처음에 결정한 디자인안을 초지일관 관철시킬 수 없는 경우가 적지 않다.

건축가는 공동주택단지의 디자인을 통하여 이러한 개발과정이 일관되게 진행될 수 있도록 적절한 방향을 제시하여야 한다. 또한 건축가의 역할 중에는 투자기관을 포함하여 관련된 사람들이 디자인에 의한 결과에 대해서 충분히 이해하고 공감할 수 있도록 해야 한다. 예컨대 수준 높은 거주환경으로의 개발을 성취하기 위해서 건축가는 현실적으로 다음과 같은 사항들을 고려하여야 한다.

첫째, 교통 전문가, 조경 전문가, 도시계획 입안자와 같은 여러 전문 분야가 각각 따로 놀지 않고 서로 협력하여 문제에 접근할 수 있도록 조정하여야 한다.

둘째, 개발 산업 기간이 너무 짧거나, 공급자 위주로 이루어지지 않도록 노력하여야 한다.

특히 도시주거환경으로서의 새로운 장소를 창출한다는 인식을 공유할 수 있도록 노력함으로써, 분양을 위한 상품으로 건물에 관심을 기울이는 대규모 건설업자들의 인식을 경계하도록 해야 한다.

셋째, 장기적 비전을 도외시하고, 장소보다는 건물을 우선시하는 투자자의 입장이 우선시되지 않도록 하여야 한다.

넷째, 미래를 위한 지속가능한 개발이 될 수 있도록 신기술의 사용과 건설의 효율성 등을 고려한 계획과 디자인을 제시함으로써 혁신적인 개발이 될 수 있도록 한다.

다섯째, 양적 생산 시대의 기준에 따른 구태의연한 접근보다는 질적 수준을 고려한 계획과 개발 관리가 이루어질 수 있도록 하여야 한다.

여섯째, 질적으로 높은 수준의 주거환경 디자인을 위한 가이드라인 설정과 이러한 절차가 받아들여질 수 있는 분위기가 유지될 수 있도록 노력하여야 한다.

일곱째, 이러한 역할을 성공적으로 수행하기 위해서는 무엇보다도 제시된 계획안이 주거환경으로서의 뛰어난 거주성과 경제성 측면에서의 사업성과 공공성을 갖춘 우수한 대안이 될 수 있도록 해야 한다.

따라서 수준 높은 공동주택 개발은 관련자들과 건축가와의 관계 설정에서 결정된다고 할 수 있다.

건축가의 적절한 역할과 참여유도를 위한 제도적 지원

유럽에서는 1970년대 초반부터 대규모 주거지개발에 대한 반성에서 개발단위의 소규모화를 통한 다양한 주거단지 설계수법이 대두되었는데, 그중 하나가 '코디네이트 방식'이다.

1987년 베를린의 IBA국제건축전에서 요셉 파울 크라이흐스(Josef Paul Kleifues)가 코디네이트 역할을 맡아 베를린을 성공적으로 재생시킨 것이 좋은 예라 할 수 있다.

일본에서의 본격적인 시도는 주택정비공단의 타마 뉴타운의 타마 15주구(미나미오오사와 지구 1990년)에서 MA의 책임 아래 건축가들이 LA, BA의 역할을 맡아 상호 의견이 충분히 반영된 디자인 코드라는 총괄조정 수단에 따라 성공적으로 이루어졌다.

그 외 마쿠하리 주택지 계획이 도시디자이너와 건축계획가에 의한 'MA방식'으로 진행됨으로써 성공적인 결과를 거둔 것으로 알려져 있다.

그동안 시행되어온 획일적 대단지 개발이나 사업성 중심의 재건축에서는 MA제도가 그다지 필요 없는 제도라고 할 수 있으나, 질적 측면에서의 단지개발

타마15주구 타마뉴타운 (토쿄/일본)

타마15주구 접지층 (토쿄/일본)

일본전통양식으로 꾸며진
주호공간 타마뉴타운15주구
(토쿄/일본)

과 재생을 위해서 필요한 제도가 'MA방식'이라고 할 수 있다.

이것은 주거환경의 질에 대한 관심이 증대됨에 따라 복수의 사업 주체가 참여하는 주거지개발에서 개발계획의 초기 단계부터 전체 주거지 환경을 조성하고, 블록 간 계획내용을 조정하고 통합할 수 있는 독특한 방식으로 이루어졌다.

일정한 디자인 가이드라인의 설정을 통한 공동주택 디자인 규제도 가능하지만, 양호한 주거지 경관형성을 위한 보다 적극적인 도시설계수법으로 'MA방식' 도입이 우리나라에도 시도되고 있다.

2000년도에 대한주택공사가 주체가 되어 새천년단지에서 처음으로 도입되었고, 서울시 도시개발공사, 서울시 강북뉴타운 사업단 등을 중심으로 'MA방식'이 진행되고 있다.■주109■

'MA방식'에 의해 진행되었던 2003년 서울 은평구개발은 친환경적인 주거환경조성과 특히 가로 활성화 측면에서 성공적인 결과를 거두는 데 도움이 된 것으로 평가되고 있다.

서울의 경우와는 달리 부산 등 지방도시에서는 제대로 된 실질적인 MA제도를 도입하여 공동주택사업이 이루어진 예가 거의 없다. 아무리 우수한 단지 프로젝트라도 소수의 디자이너 손에 의한 프로젝트는 세월의 흐름을 견뎌낼 수가 없는 것이다.

따라서 'MA'라고 하는 총괄건축가 제도를 법적 제도적 장치를 통해 하나의 직능으로서 자리 잡을 수 있도록 해야 한다. 또한 코디네이트 방식, 커미셔너 방식, 사업계획조정위원회 방식 등■주110■이 활성화될 수 있도록 제도적 뒷받침이 필요하다. 물론 여기서 'MA'라고 하는 총괄건축가는 주거 분야에 관한 전문성과 능력을 갖춘 사람이어야 한다.

무엇보다 건축가는 개인의 자기표현 욕구를 억제함으로써 개별 건축가의 기량이 전체 공동주택 단지계획을 위해서 하나로 결집될 수 있도록 하는 것이 성공을 위한 관건이라 할 수 있다.

예컨대 지난 2010년 LH공사는 강남보금자리 주택 A3, 4, 5

타마15주구 타마뉴타운 (토쿄/일본)

타마15주구 타마뉴타운 (토쿄/일본)

블록에 대한 국제공모를 진행하였고, A3블록의 설계권사로 야마모토 리켄을 선정했다. 일본의 시노노메 캐널 코트 고단 단지 설계자이기도 한 그는 매우 감각적인 안을 제안함으로써 개성있는 영구 임대주택단지를 국내에 실현하게 되었다. 이러한 공모를 통하여 아파트 단지도 건축가들에 의해 다양화될 수 있는 계기가 마련될 수 있을 것이다.

지속가능한 아파트 주거단지
사례에서 배우는 교훈

영국 런던 밀레니엄 빌리지(The Millennium Village) : 사회통합형 친환경 도시마을

오늘날 차세대를 위한 지속가능한 도시의 실현에 도달하기 위한 새로운 아이디어를 발전시키는 것은 여전히 중요한 화두가 되고 있다. 2000년을 전후하여 지속가능한 마을로 계획된 예로는 네덜란드에 있는 에콜로니아(Ecolonia)와 스코틀랜드에 있는 핀혼(Findhorn) 그리고 밀레니엄 빌리지(Millennium Village, 1999-2005)라고 할 수 있다. 랄프 어 스킨과 헌트 톰슨(Ralph Erskine, Hunt Thompson Associates)이 도전한 밀레니엄 빌리지의 목표는 21세기를 위한 지속가능한 도시개발의 실현을 위해 새로운 아이디어를 발전시키는 것이었다.

밀레니엄 빌리지 강변 쪽 전경 (런던/영국)

밀레니엄 돔에서 가까운13ha의 그리니치 강변에 1,079가구의 공동주택과 298세대의 테라스하우스가 개발되었다. 안전하고 활력이 넘치면서 사회적으로 통합된 21세기형 '도시 마을'의 조성을 위하여, 기후, 에너지, 토지회복, 생태 보행 중심, 조경, 표면유수 등을 목표로 삼았다.

에너지 측면에서의 목표는 초기 에너지 소비의 80%와 물 수요량의 30%를 절감하고 CO_2 배출을 제로로 하는 것이었다. 또한 주동은 일조를 위하여 가능한 남쪽에 면하도록 하고 건물 자체에 발열·발전 장치 및 재활용 시스템을 설치하는 것이었다.

결과적으로 30%의 비용 절감과 25%의 공사기간을 단축을 하였으며, 현장 시공 시 높은 품질 관리가 가능하게 되었다.

과거 가스 정제 및 저장시설과 같은 산업용지로 사용되어 토지오염이 심각했던 토지를 재개발하는 방식으로 건립되었다. 당시 재정이 어려운 상황임에도 불구하고 시가 주도한 공공사업이었다. ■주111■

500㎡의 부지에는 복합 상업 시설, 초등학교, 건강 센터, 상점과 주민을 위한 커뮤니티 센터 등이 건립되었다. 또한 주택의 입지, 형태, 모양에 따라 지위나 신분이 드러나지 않도록 다양한 형태의 주호를 병존시키고 있다. 공유 차량 및 대중교통을 우선함으로써 자가용 이용이 제한되고 있는 점이 논란이 되기도 하였다.

다만, 밀레니엄 빌리지(The Millennium Village)는 영국 왕립 건축가 협회(RIBA)의 지원을 받아 1996년 밀레니엄의 테마 중 하나였지만, 중앙 정부의 지원을 받을 수 없었다. 그것은 이 프로젝터의 이익이 공공보다는 오히려 가정과 개인에게 돌아간다고 판단되었기 때문이었다.

밀레니엄 빌리지 보행로
(런던/영국)

밀레니엄 빌리지
주민커뮤니티센타 (런던/영국)

옆부지에 들어선 새단지
(런던/영국)

스웨덴 스톡홀름 함마르뷔 셰스타드(Hammarby Sjostad) : 지속가능한 환경친화적 기술의 집적

스톡홀름 중앙의 '함마르뷔 호수(Hammarby Sjo)' 주변에 위치한 함마르뷔 셰스타드(Hammarby Sjostad) 지역은 1920년대 이후, 빈민촌과 영세한 산업시설이 산재한 매우 오염되고 낙후된 곳이었으나 오늘날 지속가능한 도시 개발의 시범적 사례로 손꼽히는 곳으로 변모하였다.

1990년경 스톡홀름 시는 이 슬럼가를 새로운 근교로 개발하고자 하는 계획을 세웠다. 지향하는 목표는 첫째, 아름다운 공원과 공공녹지가 있는 매력적인 주거지역일 것, 둘째, 자동차 사용을 줄이기 위해 대중교통을 원활하게 설치하는 것, 셋째, 건강하고 환경적으로 견고한 재료를 사용하는 것, 넷째, 재생연료, 바이오가스 제품을 사용하고 에너지 효율적인 소비가 이루어질 것, 다섯째, 물을 절약하는 하수처리 시스템을 갖출 것, 여섯째, 쓰레기는 실용적인 시스템으로 분리하여 재료와 에너지로 재사용하도록 하는 것이었다. ■주112■

2015년에 개발이 완료됨으로써 버려졌던 이 땅은 35,000명이 거주하는 생태 친화적 기술이 집약된 지속가능한 신도시로 탈바꿈하였다.

함마르뷔 단지 원경 (2015, 스톡홀름/스웨덴)

함마르뷔 에코사이클
환경처리 시스템
(2015, 스톡홀름/스웨덴)

함마르뷔 단지 빗물처리
(2015, 스톡홀름/스웨덴)

함마르뷔 수변 목제 보도 (2015, 스톡홀름/스웨덴)

함마르뷔 쓰레기난방공장
(2015, 스톡홀름/스웨덴)

에코사이클(eco-cycle)을 적용했는데, 이는 에너지, 폐기물, 수자원의 순환과 주거·업무시설이나 기타 상업적 활동을 위한 하수 등의 순환에 관한 것이다. 이러한 에코 사이클은 거대 도시에 대응하는 기술적 시스템의 개발을 위한 모델로 사용될 수 있도록 설계되었다고 한다.

중금속에 오염된 호숫가 공장지대를 스톡홀름시가 1990년대 시작하여 에너지 절약형 친환경 도시로 탈바꿈시킨 곳이 함마르비 공동주택단지이다. 중산층을 대상으로 한 8,000가구 규모로서 '쓰레기로 난방을 하고 오수로 차를 굴리는' 주거단지로 알려져 있다. 주차공간은 2가구당 1대꼴로 자가용 임대제도에 카풀제도 도입하였으며 대중교통망을 중심으로 이동수단의 52%는 대중교통이고 27%는 자전거와 도보이며 자가용은 21%에 그치고 있다.■주113■ 스톡홀름 중심가와 맞먹는 지가 상승의 성공을 거둠에 따라 제2의 함마르비를 구도시 등 7곳에 추가로 계획 중에 있다고 하니 제대로 된 지속가능형 주거단지가 얼마나 친인간적인 주거환경인가를 보여주고 있다.

이 모델을 함마르뷔 모델(Hammarby Model)이라고 부르며 환경 부하를 최소화하기 위한 방법의 원천으로 세계 여러 나라에서 적용하고 있다.

일본 도쿄 후카사와(探尺) 환경 공생 주택
: 지속가능한 생태주거환경의 실현

일본의 '환경공생주택'이란 지구 환경을 보전하는 관점에서 에너지와 자원이용을 고려하고 주변 환경과의 조화를 생각하며, 사람이 건강하고 쾌적하게 살 수 있도록 고안된 주택이다.

건설 계획에서 공사, 유지관리, 해체에 이르기까지 각 단계에서 이러한 것들을 배려하는 것을 목표로 하여, 1992년도에 일본 건설성(현, 국토교통성)은 '환경공생주택 가이드라인'을 만들고, 이의 보급, 추진을 위해 '환경공생주택 건설추진사업'을 시작했다. ■주114■ 일본 도쿄도심 근교 세타가야구(世田谷區)에 건립된 후카사와(探尺) 환경 공생 주택(1997)은 이 지침에 따라 만들어진 것이다.

후카사와 환경공생주거단지 세타가야구 (1997, 도쿄/일본)

후카사와단지 태양열 가로등 (1997, 도쿄/일본)　　　후카사와 단지 정원 (1997, 도쿄/일본)

후카사와 환경공생주택의 세부적인 내용을 살펴보면, 우선 풍력발전시설이
그 단지의 상징이다. 풍력발전기 하나로 1.5KW 발전이 가능한데 용량은 적
지만 우물에서 퍼올린 물을 중정 비오톱으로 순환시킬 수 있다. 또한 바람이
통하는 길을 확보할 수 있도록 건물을 배치하고, 채광을 철저히 고려하여 건
물을 배치하였다. 창문은 열전도율이 큰 알루미늄이나 금속재를 사용하지 않
고 단열성과 결로현상을 억제할 수 있는 목재 섀시를 사용하였다.■주115■ 제
조과정에서도 전력을 대량으로 소비하는 알루미늄 섀시에 비해 환경부화 경
감 차원에서도 목제가 우수하다고 판단한 것이다.

그 외에도 옥상 녹화, 보호 수림, 빗물 이용, 재활용 자재 활용 등이 적용되었
다. 문제는 옥상녹화와 외단열 공법 등의 채용이 필요한데 건축비용이 높은
것이 해결해야 할 문제점으로 지적되고 있다. 임대주택단지로서 고령자와 장
애인등이 지역사회와 어울리며 편안하게 살 수 있도록 조성한 측면이 돋보이
는 단지이기도 하다.

바비칸(Barbican)&더 바이커 (The Byker)
: 커뮤니티 시설 특화와 주민참여에 의한 사례

여러 가지의 편의 시설을 복합화함으로써 거주자를 위한 진정한 이웃관계를 목표로 했던 도심개발계획 사례로는 더 바비 칸(Barbican) 재개발계획을 들 수 있다.

이 단지가 소재한 St. Paul 's, Moorgate 지역의 거주 인구는 100년 전에 12만 5,000명이었으나, 2차 대전 이후 5,000명으로 감소했다. 런던 개발공사의 목표는 '고양이와 관리인의 도시'라는 유령 도시가 되어버린 피폭지인 바비 칸(Barbican) 지역을 재개발하여 활성화시키는 것이었다.

비록 일반적인 토지 이용개발에서 얻어지는 수익을 포기하고 학교, 상점, 오픈 스페이스 등을 계획하는 것이었지만, 여러 가지 편의시설을 복합화함으로써 거주자를 위한 진정한 이웃관계를 가장 우선한 계획이었다. 125m의 초고층 주동은 한때 유럽에서 가장 높은 건물이었으며, 이를 중심으로 중고층 주동에 의해 둘러싸인 안뜰을 마련하였다.

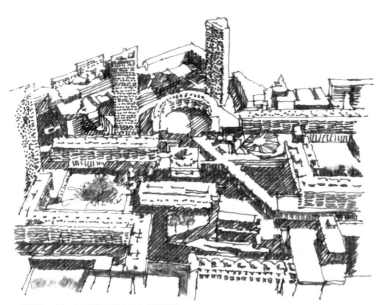

바비칸(Barbican) 계획안 모형 (1992, 런던/영국)

보행자용 인공지반 하부에는 2,500대의 거주자 전용 주차장이 마련되어 있으며, 약 6,500명이 거주하고 있다. ■주116■

주동 입구는 엘리베이터와 계단 부근까지 자동 잠금에 의해 엄격히 관리되고 있다.

바비칸(Barbican)의 성공은 부분적으로는 위치로 인한 것이지만, 높은 수준 공

Byker 주거단지 원경 (1992, 런던/영국)

동시설과 이에 대한 효율적인 관리에서 비롯된 것으로 평가되고 있다. ■주117■
또한 주민들을 포괄하는 대중적인 참여전략을 도입한 사례로서는 영국의 더 바이커(The Byker 1992) 단지가 유명하다.

Byker 주거단지 발코니
(1992, 런던/영국)

건축가 랄프 어 스킨은 그의 설계 파트너인 버논 그레이시을 현지에 살도록 하여 거주자의 요구를 면밀하게 파악하였다.

거주자의 요구를 주거계획에 어느 정도 반영할 것인가에 대한 논란의 여지가 있었지만, 이후 만들어진 커뮤니티 아키텍처에 커다란 영향을 끼친 것은 사실이다. ■주118■

Byker Redevelopment의 명성 중 가장 위대한 것 중 하나는 건축가 Ralph Erskine이 1960년대와 1970년대의 비참한 빈민가 정리에 적극적으로 참여했다는 점이다. 가능하면 거리의 이웃들이 함께 집을 짓고 사람들이 집에서 느낄 수 있는 공간을 강조했다. ■주119■

커뮤니티는 정의하는 것 자체가 쉬운 일이 아니다. 공동주택자체가 함께 모여 사는 것으로 커뮤니티를 이루는 하나의 형태이지만, 공동주택이 요구하는 장점을 살릴 수 있는 것이 적절한 커뮤니티이기도 하다. 문제는 익명성 자체를 원하는 주민들도 있기 때문에 프라이버시를 적절히 조절할 수 있는 커뮤니티 공간의 설정이 요구된다고 할 수 있다.

일본의 경우 다양한 커뮤니티시설에 의한 주거의 차별화를 통하여 '공간 가치의 변화'를 꾀하고자 하는 커뮤니티 중시형 아파트가 나타나고 있다. 국내에도 차별화를 통한 아파트 상품기획을 위해 다양한 커뮤니티시설을 가진 아파트가 등장하게 될 것이 예측된다.

아파트문제는 대중적인 과제다. 전문성만으로 해결될 성격의 문제가
아닌 사회적 사안이다. 이대로는 도시도, 아파트도 지속가능할 수 없
다. 아파트가 지속가능하지 못하면, 그 도시도 지속가능할 수 없다. 지
속가능성은 미래사회 발전의 새로운 패러다임으로 받들여진 지 오래되
었다. 특히 환경문제가 심각해지면서 최근에는 많은 나라에서 보편적
으로 추진하는 방향으로 받아들여지고 있다.

더구나 그동안 개념적으로도 실천전략도 진화하였음을 확인하게 된다.
철학적 단계에서 심지어 미학적 단계까지 나아가고 있다. 아파트 문제
의 대안마련은 전문가만의 몫이 아니다. 그만큼 대중적인 문제다. 전문
가, 행정가, 시민, 건설업계 모두의 합의가 요구되는 문제다. 이 책은
전문가를 위한 내용이라기보다는 우리 모두가 생각하고 있는 쟁점들을
함께 생각해보는 논의의 장으로서 펼쳐 보인 것이다.

고밀도의 도시지만 그렇게 높지 않고 다양한 경관을 이루고 있는 세계
의 숱한 도시들과 주거환경을 접하게 되면서, 지속가능한 아파트란 살
다가 언젠가는 다른 곳으로 떠나기 위해 잠시 머무는 곳이 아닌 편안해
서 오랫동안 살고 싶은 그린 곳이라는 생각을 갖게된다. 인구가 줄고

고령화사회로 변화되어감에 따라 지금까지 갖고 있는 주거에 대한 생각도 바뀌어야 한다. 혼자가 아닌 우리 모두의 생각이 바뀌어야 한다. 이러한 지속가능한 주거환경을 가꾸는 데는 특별한 기술이 필요한 것이 아니다. 비밀스러운 비방이나 이론이 숨겨져 있는 것도 아니다. 현재의 기술로도 충분하다. 결국 삶에 대한 태도의 문제다.

하나를 지어도 대를 물릴 수 있는 아파트를 지어야 한다. 그동안 지어 놓은 아파트를 수리하더라도 제대로 수리를 해서 오랫동안 쓸 수 있도록 해야 한다. 도시를 이루는 모든 건축물이 이제는 우리의 자산인 것이다. 외국처럼 우리도 우리의 도시를 시간의 흔적으로 우리만의 박물관으로 가꾸어 나가야 한다. 그러기 위해서는 우리 모두의 동의가 필요하다. 재테크의 수단으로써 보다는 질적 삶의 장소로서 지속가능한 장수명의 거주공간으로 가꾸어 나가겠다는 우리 모두의 함의가 전제되어야 한다. 거주공간을 공동자산으로써 바라보는 관점의 변화가 필요하다.

국내에서도 2000년부터는 친환경적 개발을 제도화하는 국가정책이 전개되고 있다. 단명한 우리나라 아파트는 설계와 시공 모두 그 어느 때보다도 지속가능성을 지닌 총체적 관점에서 다루어질 것이 요구되고 있으며 그것은 지속가능한 아파트의 개념으로 접근할 때 성취 가능하다.

가치체계로서의 지속가능성은 환경적 책임윤리에 근거한 개념이지만, 경제적·사회적 체계는 환경적 용량과 분리해서 다루어질 문제가 아니라는 점■주123■을 이해할 필요가 있다.

결과적으로 지속가능한 아파트는 이러한 친환경적 환경보존관리 차원 이상을 의미하는 것으로 아파트 성공의 핵심 요소는 친환경적이면서도 지속가능한 공동체를 만드는 것이라 할 수 있다. 이와 같은 두 가지 문제를 어떻게 연결을 지을 것인가가 우리에게 주어진 중요한 과제라고 할 수 있다.

참고문헌

- 강부성외, '도시 집합주택의 계획 11+44' 발언, 1996
- 강부성 외, 한국공동주택계획의 역사, 세진사, 1999
- 고야베 이쿠코, '컬렉티브 하우스' 퍼블리싱 컴퍼니클, 2013
- 공동주택연구회, 'MA와 하우징디자인' 동녘 2007
- 공동주택연구위원회,'주거단지계획', 동녘,2007
- 구본덕 외 3인, '주거'대구광역시 교육청, 2013
- 대한주택공사 '주거환경개선사업과 주공의 역할', 2009
- 주택도시연구원,'주택도시 R&D 100 성과편',대한주택공사,p.84
- 대한건축학회, '공동주택 디자인', 기문당, 2010
- 박용환, '한국근대주거론', 기문당, 2010
- 발레리 줄레조, '아파트 공화국'후마니타스, 2007
- 손세관, '도시주거형성의역사',열화당미술선서,1993
- 손세관, '이십세기 집합주택', 열화당, 2016
- 윤도근외, 건축설계·계획, 문운당, 2008.
- 이정형, '대규모 주거지개발에서 MA설계방식의 의미와 필요성',한국도시설계학회, 2003
- 안창모, '한국현대건축 50년' 1996
- 임석재, '유럽의 주택', 북하우스, 2014
- 주택도시연구원,'주택도시 R&D 100연혁편', 대한주택공사, 2000
- 최두호·한기정, '아파트를 새롭게 디자인 하라', auri, 2010
- 한국일보 문화부, '소프트 시티' , 생각의 나무, 2011
- M.Pawley(최상민 옮김) '근대주거 이론의 위기'성진사, 1995
- 한국토지개발공사, 환경친화형 단지계획기법, 1988, 한국토지개발공사
- 이재한, 「프랑스의 주택건축-1:Concours P.A.N을 중심으로」,국민대 조형논집7
- 이규인, 이재준, 황경희, 김기수, 환경친화형 주거단지 모델개발연구, 대한주택공사, 1996
- 우동주, 탑상형과 연도형 배치비교를 통한 가로형 공동주택 설계방안'연합논문집 제12권2호, 2010
- 우동주, '공동주택의 가로 연계 및 주동유형 다양화 방향성 고찰', 대한건축학회논문집 2013
- 우동주, '주거생활의 부분문화를 중심으로 한 집합주거계획에 관한 연구', 홍익대 박사학위, 1991
- An, Tae-Sun, Sustainable Housing ; An Integrated Method Toward Housing Planning, Design and Construction, Texas Tech University 1994
- 윤도근외, '건축설계.계획',문운당,2008
- 미노하라 케이, '일본의 MA설계방식 적용성과 정착화 과정', 한국도시설계학회, 2003
- 이보라. '우리나라 공동주택 도입기에 등장한 중,소규모 아파트의 계획적 특징에 관한 연구. 한국 도시설계학회. 제4분과 공동주택/단지계획'
- 이재훈, 길과의 관계에 있어서 도시집합주거의 배치유형 연구, 대한건축학회 논문집, 1998
- 배정윤외 2인, 공동주택 리모델링 제도의 개선방안에 관한 연구, 2005년
- 서수정, '국내 MA설계방식의 적용사례 및 성과', 한국도시설계학회 2003 추계심포지움
- 이상건축 '도시집합주택의 시대' 특집'93 7월
- 제해성. 고밀도 집합주거에 관한 법규 및 제도의 현황과 개선방안. 건축학회지 33권 6호,1989.11 p2
- (일) 新建築, '現代集合住宅의 前望' 6月 增刊 1977

- (일) 新建築, "20世紀建築" 6月 增刊號 1991
- (일) 鈴木雅之 譯 '20世紀 英國の 集合住宅', 鹿島出版, 2000
- (일) 岡本久人, 'ストック型 社會 へへの 轉換', 鹿島 出版會,2006
- (일) 長谷川 工務店, '都市の 住態', 長谷川 工務店50주년기념1987
- (일) 日本建築學會住宅小委員會, '事例로 본 現代集合住宅   デザイン',倉國社, 2004
- (일) 集合住宅研究會, '都市集合住宅の デザイン', 建築文化別冊,創社, 1993
- (일) 集合住宅研究會 編著, 都市集合住宅の デザイン, 創社,1993
- (일) 芦原義信監修,世界の 集合住宅:20世紀の 200, 1991년
- (일) 山口幹幸, '人口減少時代の 住宅政策, 鹿島出版, 2015
- (일) 日本建築學會編, '現代集合住宅 リ デザイン', 創社, 2010
- (일) INAX出版, '人間住宅 環境裝置の 未來像',1999
- (일) NEXT21編輯委員會, 'NEXT21 設計精神과 居住實驗10年の 全貌',2005
- (일) 建築文化, '集住の 計劃學', 建築文化 '88년, 3月 特輯
- (일) 建築技術 1991년 11月 別冊
- (일) 小玉祐一郎, '人間住宅', INAX,1999
- W. Forster, Housing in the 20th and 21st centuries,PRESTEL,2006
- Marcus Binney, 'Town Houses: from 1200 to today', whitney, 1998
- Models for Experimental High Density Housing
- Martin Wynn, 'Housing of Europe'
- Llewelyn-Davies, 'Urban Design COMPENDIUM', 2000
- a+t research group, '10stories of collective housing'a+t 2013
- Poul B. Pedersen편저, 'Sustainable compact city' Narayana Press, 2009
- Sustainable Development, The UK Strategy, London, HMSO, 1994.
- A. F. Per, 'D Book, Density, Data, Diagrams, Dwellings' a+t aditiones, 2007
- Janis Birkeland, Design for Sustainability' EARTHSCAN ,2002
- Brian Edwards, Principles & Practice Sustainable Housing, 2000 E&FN
- Brian Edwards, 'Rough Guide to Sustainability', RIBA, 2002
- P.J.Littlefair, 'Environmental site layout planning',BRE,2000
- Friederike Schneider 'Floor Plan Atlas'
- Miles Glendinning, 'Tower Block', Yale Uni., 1994
  R. Bayley, The Twentieth Century Society 2002 celebrating special building
  A Green Vitruvius: Principles & Practice of Sustainable Architectural Design,James & James,1999
- Pere Joan Ravetllat 'Block Housing', 1992
- Rolf jensen 'High Density Living'Leonard Hill Book. London, 1966
- Karl Wihelm Schmitt 'Multi-Storey Housing, The A Press, London, 1966
- Fauset 'Housing Design, in practice, Longman, London, 1991
- A.Agkathidis, 'Sustainable Retorfits',Routledge,2018
- L.Gelsomino,European Housing Concepts, Editrice compositori, 2009
- D.Levitt, The Housing Design Handbook, Routledge, 2019
- Bohigas, 'La Villa Olimpica Barcelona92' 1991
- Mike Jenks,"A Sustainable Future Through the Compact city" Volum1 '96

- https://en.wikipedia.org/wiki/KNSM_Island
- http://akkad.com.ne.kr/soli-hous.htm
- http://blog.daum.net/sam_designing/19
- http://greenseoul.tistory.com
- http://mirror.enha.kr/wiki/아파트
- http://mirror.enha.kr/wiki
- http://jutek.kr/user/selectBbsColumn.do?BBS_NUM=1168&COD03_CODE=c0318
- http://news.zum.com/articles/44004055
- http://blog.daum.net/sam_designing/19
- http://www.SustainableABC.com Sustainable Architecture, Building   and   Culture:
- 건설경제 2019년4월 9일 유현준,'학교에서 도시계획까지'
- 건설경제 2019년6월 21일

그림 참조한 출처

p.12 위	Brian Edwards, Principles & Practice Sustainable Housing, 2000, E&FN p.20
p.12 아래	앞의 책 p.128
p.19	park hill _https://www.dezeen.com/2014/09/10/brutalist-buildings-park-hill-jack-lynn-ivor-smith/
p.30	파리근린계획안 https://www.pinterest.fr/pin/360217670186873836/
p.31	유니테 단면 _https://www.google.co.kr/search?q=unite+d%27habitation+marseille
p.32 위	Miles Glendinning,『Tower Block』, Yale Uni.,1994, p.40
p.32 중간	Miles Glendinning, 위의 책, 1994, p.241
p.32 아래	Miles Glendinning, 위의 책 1994, p.233
p.33	로난 포인트 아파트 _ http://citybreaths.com/post/4633058927/the-downfall-of-british-modernist-architecture
p.48	지멘슈타트 베르린 _https://www.bauhaus100.de/en/travel/UNESCO-WorldHeritage/UNESCO-Berlin.html
p.49	플루이트 이고 단지 _https://www.google.co.kr/search?q=pruitt-igoe+housing
p.50 오른쪽 위	할렌 주거단지 근경
p.50 왼쪽	할렌 주거단지 단면도
p.50 오른쪽 아래	할렌 주거단지 전경 _http://aguileraguerreroarquitectos.blogspot.kr/2012/04/siedlung-halen-atelier-5.htm
p.54 위	(일) 日本建築學會編,『現代集合住宅 リデザイン』, 創國社, 2010, p.90
p.54 아래	하비타트 67 단면 httpen.wikipedia.orgwikiHabitat_67
p.55	sky Habitat
p.58	테겔항 투시도
p.59	KNSM
p.69 위	블록구성 Llewelyn-Davies, 'Urban Design COMPENDIUM', 2000, p.188
p.69 아래	인슐라 httpkhariles.tistory .comm2360
p.70	가로형의 변용Llewelyn-Davies, 앞의 책
p.72	파리 블록 _https://www.nedesigns.com/screenshot/4249/land-of-dreams-paris/
p.73	앝톤주거단지 원경
p.78	바르셀로나 가로형 평면 Bohigas, 'La Villa Olimpica Barcelona92' 1991, p.118

각주

1) European Commission, 'A Green Vitruvius' Principles & Practice of Sustainable Architectural Design',
   James & James,1999, p.20

2) B. Edwards, 'Principles & Practice Sustainable Housing', E&FN, 2000, p.11

3) B. Edwards, 'Rough Guide to Sustainability', RIBA, 2002, p.1

4) B. Edwards, 앞의 책, RIBA, 2002, p.11

5) B. Edwards, 앞의 책, E&FN, 2000, p.9

6) 鈴木雅之 譯『20世紀 英國の 集合住宅』, 鹿島出版, 2000, P.16

7)日本建築學會編,『現代集合住宅 リ デザイン』, 創國社, 2010, p.48

8) 鈴木雅之 譯, 앞의 책, 鹿島出版, 2000,p.46

9) 日本建築學會住宅小委員會, 『事例로 본 現代集合住宅 デザイン』, 倉國社, 2004, p.13

10) Brian Edwards, 앞의 책, E&FN, 2000, p.39

11) Brian Edwards, 앞의 책, E&FN, 2000, p.30

12) Brian Edwards, 앞의 책, E&FN, 2000, p.30

13) Brian Edwards, 앞의 책, E&FN, 2000, p.31

14) Brian Edwards, 앞의 책, E&FN, 2000, p.39

15) 공동주택연구회(강부성 외 6인), 『한국 공동주택계획의 역사』, 세진사, 1999, p.41

16) 발레리 줄레조, 『아파트 공화국』, 후마니타스, 2007, p.35

17) 제해성, 고밀도 집합주거에 관한 법규 및 제도의 현황과 개선방안. 건축학회지 33권 6호,1989.11, p.24

18) 윤도근 외, 『건축설계.계획』, 문운당, 2008, p.152

19) W. Forster, Housing in the 20th and 21st centuries, PRESTEL, 2006, p.8

20) 長谷川 工務店, 『都市の 住態』, 1987, p.28

21) Wolfgang Forster, 앞의 책, PRESTEL, 2006, p.74

22) R. Bayley, 'The Twentieth Century Society', 2002 celebrating special building, p.11

23) M. Glendinning, 'Tower Block', Yale Uni, 1994, p.40

24) 鈴木雅之 譯, 앞의 책, 鹿島出版, 2000, P.24

25) Martin Wynn, 『Housing in Europe』, 1984, p.61

26) R. Bayley, 'celebrating special buildings' The Twentieth Century Society. 2002, p.14

27) 최두호·한기정, 『아파트를 새롭게 디자인 하라』, auri, 2010, p.31

28) 베를린/한주연 통신원

29) 우동주, '공동주택의 가로 연계 및 주동유형 다양화 방향성 고찰', 대한건축학회논문집, 2013

30) 강부성외, 앞의 책, 세진사, 1999, p.219

31) 우동주, 앞의 책, 2013 대한건축학회논문집

32) 우동주, '탑상형과 연도형 배치비교를 통한 가로형 공동주택 설계방안', 대한건축학회 연합논문집 제12권 2호,
    2010, p.131

33) 강부성외, 앞의 책, 1999, p.279

34) 鈴木雅之 譯, 앞의 책, 鹿島出版, 2000, p.20

35) Wolfgang Forster, 앞의 책, PRESTEL, 2006, p.74

36) 신건축, '20세기건축' 1991 6월 증간호, p.234

37) 주택도시연구원, '주택도시 R&D 100 연혁편', 대한주택공사, 2000, p.67

38) W. Forster, 앞의 책, PRESTEL, 2006, p.96

39) 鈴木雅之 譯, 앞의 책, 鹿島出版, 2000, p.137

40) 日本建築學會編, 앞의 책, 創國社, 2010, p.98

41) 鈴木雅之 譯, 앞의 책, 鹿島出版, 2000, p.126

42) 鈴木雅之 譯, 앞의 책, 鹿島出版, 2000, p.90

43) http://news.zum.com/articles/44004055

44) 유현준, '학교에서 도시계획까지..', 건설경제 2019년 4월 9일 A23

45) 강부성외, 앞의 책, 1999, p.281

46) 대한건축학회, 『공동주택 디자인』, 기문당, 2010, p.30

47) 강부성외, 앞의 책, 1999, p.279, p.184

48) 당시 로마의 인구는 백만에 가까웠고 인구의 90%가 이러한 다층 주거건물에 살았는데, 날림공사도 많았을 뿐 아니라 세를 많이
    받기 위해 무리하게 8층의 고층건물을 지었다가 무너지는 사례도 있었고, 부동산 투기가 사회적 문제가 되기도 하였다고 한다.
    제정 로마 시대로 접어들면서 도시에 인구가 집중되면서 한 가구가 하나의 대지를 전용하는 것이 어려워짐에 따라 집합주택이
    등장하게 된 것이며, 집합주택이 확산될 수 있었던 결정적인 원인은 콘크리트 축조법의 개발이었다. 이처럼 가로변을 중심으로
    상가와 주택이 복합된 형식으로 옆으로 위로 집합되는 형식은 그 기원이 오래되었음을 알 수 있다.

49) http://blog.daum.net/sam_designing/19

50) 임석재, 『유럽의 주택』, 북하우스, 2014

51) 이재한, 『프랑스의 주택건축-1:Concours P.A.N을 중심으로』 국민대 조형논집7

52) 鈴木雅之 譯, 앞의 책, 鹿島出版, 2000

53) 박종기역, 『베를린 도시설계』구민사, 2014, p.81

54) 이정형, '대규모 주거지개발에서 MA설계방식의 의미와 필요성', 한국도시설계학회 2003 추계심포지움, p.1

55) Brian Edwards, 앞의 책, E&FN, 2000, P.12

56) Llewelyn-Davies, Urban Design Compendium, 2000, the Housing corporation, p.6

57) 공동주택연구위원회, '주거단지계획', 동녘, 2007, p.34

58) 최근 서구의 가구형 주택사례를 보면 1ha 전후의 가구에 5층 전후의 층수로 200% 전후의 용적률을 실현하고 있다.
    〈集合住宅硏究會 編著, 都市集合住宅の デザイン, 創國社, 1993, p.34〉

59) 日本建築學會住宅小委員會, 앞의 책, 倉國社, 2004, p.60

60) 日本建築學會住宅小委員會, 앞의 책, 倉國社, 2004, p.63

61) 日本建築學會住宅小委員會, 앞의 책, 倉國社, 2004, p.51

62) 우동주, 앞의 책, 2010, p.134

63) 건설경제, 2019년 6월 24일

64) 우리나라는 2000년에 이미 7.2%로 고령화 사회가 되었으며, 2022년에 14%, 2026년에는 20%를 넘을 것으로 추정하고 있다.

65) 日本建築學會住宅小委員會, 앞의 책, 倉國社, 2004, p.82

66) 日本建築學會編, 앞의 책, 創國社, 2010, p.48

67) 鈴木雅之 譯, 앞의 책, 鹿島出版, 2000, p.52

68) 주택이란 공익성, 공동이용성, 공공재성, 사회성이라는 요소를 함축한 공공성론(일본 가정학연구자 吉野正治)을 제안 하고 있다.

69) 日本建築學會住宅小委員會, 앞의 책, 倉國社, 2004, p.78

70) 日本建築學會住宅小委員會, 앞의 책, 倉國社, 2004, p.80

71) 日本建築學會住宅小委員會, 앞의 책, 倉國社, 2004, p.16

72) (일) 岡本久人, 『ストック型 社會 への 轉換』, 鹿島 出版會, 2006, p.3

73) 日本建築學會住宅小委員會, 앞의 책, 倉國社, 2004, p.70

74) 각 사업에서 기부를 바탕으로 운영하는 자립적이고 반공적인 지원기관으로서 사업에 관련된 전문가 교육, 초기상담등의 활동을 하고 있다. 이와 같은 구조체 정착공급방식은 주민본위의 민간사업과 그 지원조직으로 주택건설 모델로서 주목을 받고 있다.

75) 日本建築學會住宅小委員會, 앞의 책, 倉國社, 2004, p.65

76) 日本建築學會住宅小委員會, 앞의 책, 倉國社, 2004, p.69

77) 鈴木雅之 譯, 앞의 책, 鹿島出版, 2000, p.46

78) NEXT21編輯委員會, 'NEXT21 設計精神과 居住實驗10年の 全貌', 2005, p.116

79) (일)建築技術, 1991년 11월 別冊, p.55

80) 국내에서 처음으로 13층 이상의 중고층 모듈러주택 건설이 추진될 예정이라고 한다. 블록형태의 유닛구조체에 창호와 외벽, 전기 및 배관 등 부품을 공장에서 조립해 현장에 설치하는 방식의 공동주택이다. 중고층 모듈러주택은 일반 공동주택보다 건설비가 저렴하고 공사기간이 짧아 활용도가 높은 것으로 평가되고 있다.

81) 중구의 보수동에 위치한 보수아파트는 12평 규모의 5개 동으로 이루어져 있는데, 전체 415세대 중 110개가 빈집으로 남아있는 상태이다.

82) 장한두·제해성, '프랑스 공공임대 주거단지 재생사례 연구', 도시계획학회지

83) 鈴木雅之 譯, 앞의 책, 鹿島出版, 2000, p.39

84) A.Agkathidis, Sustainable Retorfits, Routledge, 2018, p.18

85) A.Agkathidis, 앞의 책, 2018, p.93

86) A.Agkathidis, 앞의 책, 2018, p.116

87) 남지현, '일본의 빈집 현황과 정책', 세계와 도시 + 특집, 2022호

88) A.Agkathidis, 앞의 책, 2018, p.22

89) 鈴木雅之 譯, 앞의 책, 鹿島出版, 2000, p.35

90) 鈴木雅之 譯, 앞의 책, 鹿島出版, 2000, p.41

91) 鈴木雅之 譯, 앞의 책, 鹿島出版, 2000, p.22

92) 배정윤외 2인, '공동주택 리모델링 제도의 개선방안에 관한 연구', 大韓建築學會論文集 計劃系 21권 6호(통권200호) 2005년 6월, p.39

93) 강부성외, 앞의 책, 세진사, 1999, p.14

94) 장소성의 핵심적 구성요소:지역의 일반적 특성, 주변 지역과의 연계성, 장소의 형태와 요소, 지역의 지형적 형태 및 요소,

지역에 특성을 부여하는 자연적 요소, 지역의 사회경제학적 요소 등으로 구분할 수 있다.

〈Llewelyn-Davies, Urban Design Conpendium, 2000, the Housing corporation p.22〉

95) 강부성외, 앞의 책, 세진사, 1999, p.15

96) 서수정, '국내 MA설계방식의 적용사례 및 성과', 한국도시설계학회 2003 추계심포지움, p.1

97) 이재한, 앞의 책, 국민대 조형논집7

98) (일)建築文化, '集住の 計劃學', 建築文化 1988년, 3月 特輯, p.13

99) M.Pawley(최상민 옮김) 『근대주거 이론의 위기』, 성진사 ,1995, p.124

100) M.Pawley(최상민 옮김)앞의 책, 성진사, 1995, p.111

101) 전후 프랑스의 야심적인 경제정책 중 하나는 도시민을 위한 연간 20만호 이상의 주택을 건설, 공급하겠다는 것이었다.
그러한 계획은 문화정책에 맞물리게 되면서 프랑스 문화를 재충전하는 조치가 취해지기도 하였다. 즉, 건축의 질을 높이기 위한
새로운 규정을 정했던 것이다. 그 내용은 각 지방 어디서나 100호 이상의 주거단지를 설계할 때에는 반드시 설계경기에 붙이기로
한 것이었는데, 그 결과 각 지방의 자치단체는 각기 독자적인 주택건설 계획을 가지게 되었다. 특히, PAN제도의 시행은 매년
졸업하는 신진 건축가에게 많은 혜택을 줌으로써 그들에게 더할 나위 없는 좋은 기회가 되었다. 정부는 또한 PAN제도 실행의
효과를 더욱 높이기 위하여, 당선된 작가의 작품집인'젊은 건축가 앨범을 제작 배포하는 의지도 보였다. 한편 일단 당선작으로
확정된 작품에 대해서는 개발업자들과 실시설계까지 계약하게 되어 있다.

〈참조: 이재한, 「프랑스의 주택건축-1:Concours P.A.N을 중심으로」국민대 조형논집7〉

102) 이재한, 앞의 책, 국민대 조형논집7

103) Llewelyn-Davies,'Urban Design COMPENDIUM', 2000

104) Brian Edwards, 앞의 책, 2000 E&FN, p.39

105) Brian Edwards, 앞의 책, 2000 E&FN, p.39

106) Brian Edwards, 앞의 책, 2000 E&FN, p.39

107) Poul B. Pedersen편저, 'Sustainable compact city' Narayana Press, 2009, p.18

108) 鈴木雅之 譯, 앞의 책, 鹿島出版, 2000, p.32

109) 鈴木雅之 譯, 앞의 책, 鹿島出版, 2000, p.32

110) M.Pawley(최상민 옮김)앞의 책, 성진사 ,1995, p.124

111) Llewelyn-Davies, Urban Design Compendium, 2000, the Housing corporation, p.11

112) 이경형, '대규모 주기지개발에서 MA설계방식의 의미와 필요성', 한국도시실계학회 2003 추계심포지움, p.I

113) 서수정, 앞의 책, 한국도시설계학회 2003 추계심포지움, p.18

114) (일) 新建築, 『20世紀建築』6月 增刊號 1991, p.186

115) 최두호·한기정, 앞의 책, auri, 2010, p84

116) 한국일보 문화부, 『소프트 시티』, 생각의 나무, 2011, p.280

117) 日本建築學會住宅小委員會, 앞의 책, 倉國社, 2004, p.20

118) INAX출판, 『인간주택 환경장치의 미래상』, 1999, p.26

119) 鈴木雅之 譯, 앞의 책, 鹿島出版, 2000, p.76

120) R. Bayley, The Twentieth Century Society 2002, p.39

121) 鈴木雅之 譯, 앞의 책, 鹿島出版, 2000, p.33

122) R. Bayley, 앞의 책, 2002, p.36

123) Brian Edwards, 'Rough Guide to Sustainability', RIBA, 2002, p.9